全国普通高等教育教材“十三五”规划项目

# 空间信号处理及应用



主　编／刘　影
副主编／程　琳　张有润

电子科技大学出版社

**图书在版编目（CIP）数据**

空间信号处理及应用 / 刘影主编. —成都：电子科技大学出版社，2016. 11

ISBN 978-7-5647-3631-6

Ⅰ. ①空… Ⅱ. ①刘… Ⅲ. ①空间通信系统－信号处理 Ⅳ. ①TN927

中国版本图书馆 CIP 数据核字（2016）第 097343 号

# 空间信号处理及应用

**主　编**　刘　影

**副主编**　程　琳　张有润

**出　　版**：电子科技大学出版社（成都市一环路东一段 159 号电子信息产业大厦　邮编：610051）

**策划编辑**：岳　慧

**责任编辑**：岳　慧

**校　　对**：兰　凯

**主　　页**：www.uestcp.com.cn

**电子邮箱**：uestcp@uestcp.com.cn

**发　　行**：新华书店经销

**印　　刷**：成都市火炬印务有限公司

**成品尺寸**：170mm×240mm　**印张** 10.25　**字数** 187 千字

**版　　次**：2016 年 11 月第一版

**印　　次**：2016 年 11 月第一次印刷

**书　　号**：ISBN 978-7-5647-3631-6

**定　　价**：25.00 元

# 前　言

空间信号处理是信号处理领域中的一个重要组成部分，在雷达、声呐、无线通信、地震勘探、无线电天文学、军事电子对抗等多学科和领域中均具有广泛应用，近几十年来一直是研究的热点问题。

在空间信号处理中，相对于窄带信号而言，宽带信号具有携带大量目标信息，混响背景相关性较弱，有利于目标检测、参数估计以及目标信息特征提取等优点，使宽带阵列信号处理成为阵列信号处理研究的一个重要研究方向。波束形成是阵列信号处理中一项非常重要的任务，其能将波束主瓣对准有用期望信号，旁瓣对准非期望信号，能实现有效地提取期望信号以及提高信噪比的目的。因此，有关空间信号处理的相关知识已成为全国各高校电气工程专业学生必修的专业学习内容。

本教材内容共 9 章，第 1 章概括地介绍了信号处理相关概念以及空间信号特点；第 2 章介绍信号处理中的傅里叶变换理论；第 3 章介绍信号空间概念；第 4 章介绍信号空间中的希尔伯特空间概念以及框架理论；第 5 章介绍短时傅里叶变化理论；第 6 章介绍小波技术概念；第 7 章介绍小波滤波器组设计方法以及相应的特性分析；第 8 章介绍基于小波滤波器组的宽带波束形成技术；第 9 章介绍基于小波滤波器组的多载波调制系统波束形成技术。

本书由电子科技大学刘影担任主编；国网安徽省电力公司培训中心程琳、电子科技大学张有润担任副主编。四川大学谢驰、黄兰，绵阳师范学院范永胜，安徽电气工程职业技术学院王晓波、周斌参加了编写工作。在编写过程中研究生刘航宇、李娟、周运鸿、赵欣、杨凯强参与了收集并整理资料的工作。在编写本书的过程中，我们参考了许多国内同行专家、学者们的研究成果及文献资料，正是他们的研究工作，使空间信号处理技术向前迈进，在此向他们致谢！

本书的编写与出版得到了国家自然科学基金委(项目编号：61401075)的资助；得到了电子科技大学新编教材建设项目的资助。本书编写得到电子科技大学能源科学与工程学院黄琦教授与左琳教授的热诚关怀与帮助，在此表示衷心的感谢。

由于作者学识水平有限，书中不妥和错误之处在所难免，恳请同行和读者批评指正。

作　者

2016 年 8 月

# 目 录

# 第1章　绪　　论

人们几乎每时每刻都会接触到信号。系统之间传输与交换信息的载体就是信号。在当今信息社会，通信与传感技术、计算技术密切结合，成为整个社会的高级“神经中枢”，没有通信的人类社会是不可想象的。随着通信技术的发展，WiFi 网络热点的覆盖，移动电话的普及，人们从有线通信逐步进入到无线通信时代。对空间信号的处理技术要求也上了一个新的台阶。空间信号广泛存在于雷达、通信、声呐、导航、语音通信系统中，是阵列信号处理的主要内容。阵列波束形成器对失配误差非常敏感，阵列本身任意细小的误差都会引起波束形成性能的剧烈恶化，使得理想条件下设计得到的波束形成器在实际应用中失效。在阵列实际应用中，许多非理想因素不可避免地给阵列系统带来误差，如期望信号波达角不匹配、信号之间的具有相关性等属于信号和环境因素造成的误差。由阵列本身因素造成的误差包括阵元缺损或变形、阵元响应误差，阵元位置校正不够精准、信道响应误差等。另外，信号源快速移动、传播信道衰落、阵列抖动等非平稳环境因素都会使得波束形成器的加权值不能及时进行调整更新，波束形成处理性能会大大下降。因此，在雷达、声呐以及无线通信中我们需要首先研究空间信号的特点。本章介绍了空间信号的概念，空间信号接收模型，阵列处理所涉及的基本原理以及相关基础知识，为后续各章的展开奠定基础。

## 1.1　信号的概念

信号的概念出现在极为广阔的、各种各样的领域中，在不同的学科中，信号的物理特性是截然不同的。那么什么是“信号”？“信号”一词在人们的日常生活和社会活动中并不陌生，例如，汽车喇叭的声音，人们说话的声音，电视机显示的图像，无线通信中的电磁干扰，电子设备内部控制以及它与外围设备信息交换的电信号等等，这些都是人们熟悉的信号。但是，如果要严格的给信号下定义，就需要清楚认识信号和消息之间的联系。

消息是原来不知道的知识，它是人类认识客观世界和改造客观世界的知识源泉。获取消息，传输消息，交换消息，从古至今一直是人类基本的社会活动之一。在古代战场告急祖先们可能用击鼓或者烽火方式传递消息，而在现代社会，无线广播技术，GPS 技术，Wi-Fi 技术，4G 技术的广泛应用使得移动电话普及，人们获取消息变得更加容易和轻松，消息借助一定形式的信号从一个地方传递到另一个地方也变得更加容易。因此，我们认为消息通常是用某种物理方式表达出来，通常可以用文字、图像、声音等来表达，它自身并不能传播而是通过一定形式的信号如声信号、光信号、电信号等进行传输和各种相关处理，也就是说我们可以把包含信息的图像、语言、文字等称为消息。而信号是消息的表现形式，消息则是信号的具体内容。

信号从广义上讲是带有信息的随时间变化的物理量或物理现象。由于信号是随时间而变化的，在数学上可以用与时间相关的函数来表示。在数学上，信号可以描述为自变量的函数；或者说，数学表达式是描述信号的基本方法。在信号处理中，由于信号的基本自变量是时间和频率。信号自变量的个数可以是一个也可以是多个，当信号是单个独立变量的函数时，称这种信号为一维信号；当信号为 $n$ 个独立变量的函数时，称为 $n$ 维信号。除了用解析式外，还常用波形图对信号的形态进行形象直观的描述。

## 1.2 信号的分类

描述信号的基本方法是写出它的数学表达式，而表达式通常是时间函数。在不同的研究领域和场合，人们对信号有不同的分类方法，如根据信号的维度分为一维信号和多维信号，从信号的描述上分为确定信号和非确定信号，从信号的幅值和能量上分为能量信号与功率信号，从分析域上分为时域信号与频域信号，从连续性上分为连续时间信号与离散时间信号。信号波形是被测信号的信号幅度随时间变化的历程，而信号的分类主要是依据信号的波形特征来划分的。

### 1. 一维信号和多维信号

按照信号的维数，信号可以分为一维信号和多维信号。信号一般是一个或多个独立变量的函数，其中具有一个独立变量的信号常被称为一维信号，如心电图信号、噪声信号等；具有多个独立变量的信号称为多维信号，如电视信号、图像信号等。本书主要以一维信号 $s(t)$ 为对象，其中独立变量 $t$ 的含义可以是时间，也可以是其他物理量。

### 2. 确定信号与随机信号

对应于某一确定时刻，就有某一确定数值以及与其对应的信号，该信号称为确定信号。对于这种信号，给定某一时刻或者给定某一函数值后，就能确定一个相应的信号值，比如卫星的运行轨迹，机器工作时各个构件的运动轨迹等等。如图 1-1（a）为一个线性斜波信号，在 $t_1$ 时刻，对应的数值为 $y_1$，而在 $t_2$ 时刻，对应的数值为 $y_2$。确定信号往往可以用相应的函数解析式、图表和波形来表示。

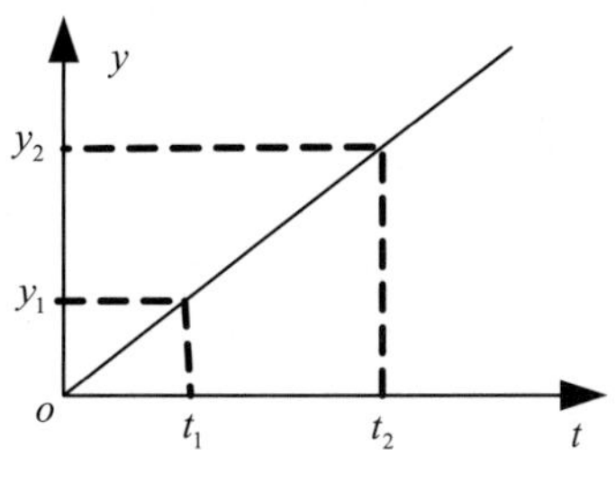


（a）

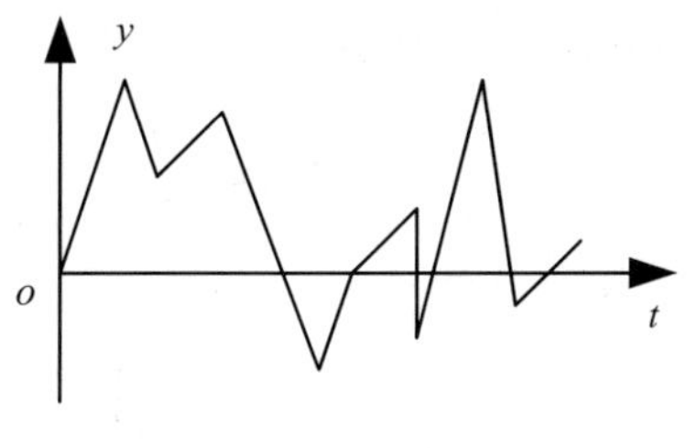


（b）

图 1-1　确定信号与随机信号

如果一个信号事先无法预测它的变化趋势，也无法预先知道其变化的相应规律，而只能用概率统计的方法进行描述，则该信号被称为随机信号，如图 1-1（b）所示。在实际工作中，我们已经常会遇见随机信号，比如系统总会受到各种干扰信号的影响，这些干扰信号不仅在不同时刻的信号值是互不相关的，而且在任一时刻信号的幅值和相位都是在不断变化的。因此，从严格意义上讲，绝大多数信号都是随机信号。只不过我们在研究信号与系统和研究空间信号时，常常忽略一些次要的干扰信号，主要研究占统治地位的信号的性质和变化趋势。本书主要研究确定信号。

3. 连续时间信号与离散时间信号

按照信号自变量 $t$ 的取值特点，信号可以分为连续信号与离散信号。对任意一个信号，如果在定义域内，除有限个间断点外均有定义，则称此信号为连续时间信号。连续时间信号的自变量是连续可变的，而函数值在值域内可以是连续的，也可以是跳变的，用 $y(t)$ 表示。如图 1-1（a）中所示的斜坡信号，即是一个连续时间信号。

对任意一个信号，如果自变量仅在离散时间点上有定义，称为离散时间信号，它描述函数的定义域是某些离散点的集合。离散时间信号相邻离散时间点的间隔可以是相等的均匀分布，也可以是不均匀分布，在这些离散时间点之外，信号无定义。定义在等间隔离散时间点上的离散时间信号，称为序列。序列可以表示成函数形式，也可以直接列出序列值或写成序列值的集合。对于均匀分布的离散信号可以表示为 $y(nT)$ 或者 $y(n)$，也可称为时间序列。如下例函数表示的信号为一个离散时间信号。其波形图如图 1-2 所示。

$$y(n)=\begin{cases} n & n=1,2,3 \\ 1 & n=-1,-2, \end{cases} \tag{1-1}$$

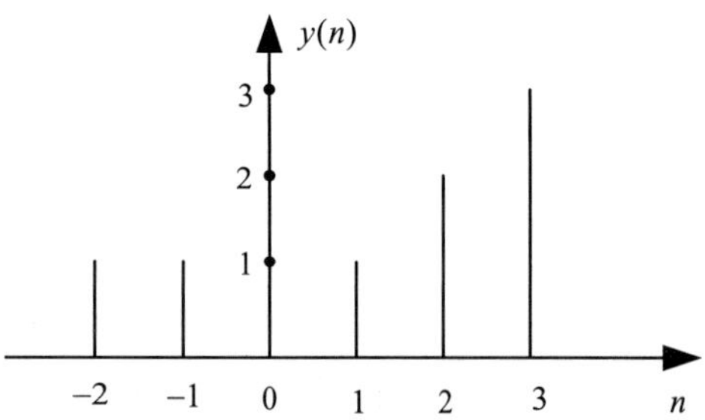


图 1-2　离散信号

在工程应用中，常常将幅值连续可变的信号称为模拟信号，将幅值连续的信号，在固定时间点上取值得到的信号称为取样信号。将幅值只能取某些固定的值，而在时间上等间隔的离散时间信号称为数字信号。

4. 周期信号与非周期信号

按照信号有无周期，信号可以分为周期信号与非周期信号。周期信号是在一定时间内周而复始，且无始无终的信号。对于连续信号，若存在$T>0$，使

$$y(t)=y(t+nT) \qquad n\text{为整数} \tag{1-2}$$

对于离散信号，若存在自然数$N>0$，使

$$y(n)=y(n+kN) \qquad k\text{为整数} \tag{1-3}$$

则称$y(t)$与$y(n)$为周期信号，而$T$与$N$分别为$y(t)$和$y(n)$的周期。对于已知周期信号，如果已知信号在一个周期内的变换情况，就可以确定在定义域中的信号取值。

不满足式(1-2)或式(1-3)的信号称为非周期信号，它的幅值在时间上不具有周而复始变化的特性，即不具有周期性。非周期信号可以看作是无穷大的周期信号，即在有限时间范围内其波形不重复出现，如一段正弦信号。非周期信号又称为脉冲信号或有限长信号。一个无限长信号，如果不是周而复始的，也是非周期信号，如指数信号。

5. 能量信号和功率信号

从信号能量或功率角度来研究信号十分有用，如用在无线通信波束形成中，可研究波束指向，形成特定波束。

将一个电压或电流信号$f(t)$加到单位电阻上，则在该电阻上产生的瞬时功率为$|f(t)|^2$，在一段时间$(-\frac{\tau}{2},\frac{\tau}{2})$内消耗一定的能量为

$$E=\int_{-\frac{\tau}{2}}^{\frac{\tau}{2}}|f(t)|^2\mathrm{d}t \tag{1-4}$$

把该能量对时间区域取平均值，即得信号在此区间内的平均功率为

$$P=\frac{1}{\tau}\int_{-\frac{\tau}{2}}^{\frac{\tau}{2}}|f(t)|^2\mathrm{d}t \tag{1-5}$$

若将时间区域无限扩展到区域$(-\infty,+\infty)$，信号满足条件式(1-6), $f(t)$称为能量信号。

$$E = \lim_{\tau \to \infty} \int_{-\frac{\tau}{2}}^{\frac{\tau}{2}} |f(t)|^2 \, \mathrm{d}t < \infty \tag{1-6}$$

同样，对于离散信号 $f(n)$ ，能量为

$$E = \lim_{N \to \infty} \sum_{n=-N}^{N} |x(n)|^2 \tag{1-7}$$

即如果一个信号在无限大时间区域内信号的能量 $E$ 为有限值，而平均功率 $P$ 为零，则称该信号为能量有限信号或能量信号。仅在有限时间区间不为 0 的信号是能量信号，如单个矩形脉冲信号。

将时间区域$(-\infty,+\infty)$无限扩展，信号满足条件(1-8)称为功率信号。

$$P = \lim_{\tau \to \infty} \frac{1}{\tau} \int_{-\frac{\tau}{2}}^{\frac{\tau}{2}} |f(t)|^2 \, \mathrm{d}t = \lim_{\tau \to \infty} \frac{1}{\tau} E < \infty \tag{1-8}$$

对于离散信号 $f(n)$ 平均功率为

$$P = \lim_{\tau \to \infty} \frac{1}{2N+1} \sum_{n=-N}^{N} |x(n)|^2 \tag{1-9}$$

如果在无限大时间区域内信号的功率为一有限值，则称为功率有限信号或功率信号。功率信号的能量 E 无限大。幅度有限的周期信号、随机信号等属于功率信号。

根据能量信号和功率信号的定义，显然可以得出：时限信号（在有限时间区域内存在非零值的信号）是能量信号，周期信号是功率信号，非周期信号可能是能量信号，也可能是功率信号。

## 1.3　空间信号接收模型

空间信号是在空间的某个辐射源产生并在空间中经过相应的媒介传播，最后入射到天线阵列的电磁波信号。天线阵列，顾名思义，就是将一组天线阵元按一定方式放置在空间中的不同位置上接收空间信号并进行处理的一种装置。阵列信号处理即利用天线阵列接收空间信号并对接收信号进行处理，它是现代信号处理的一个重要分支。而现代数字信号处理技术与并行处理技术的发展，又极大地促进了阵列信号处理的发展，特别是随着超大规模集成电路的迅速发展，各种先进阵列信号处理系统

不断地推出，使得阵列信号处理的研究与应用蓬勃发展。阵列信号处理的应用前景非常广阔，包括雷达、声呐、声学、无线通信、医学诊断、地震勘探、射电天文学等多领域。

阵列信号处理的主要技术包括波束形成。波束形成的主要目的是在空间方向上形成主波束来接收期望信号，形成超低旁瓣用于抑制干扰和不感兴趣信号。波束形成本质上是一种空域滤波技术，在无线通信、雷达、声呐中得到了较好的应用。波束形成器就是利用天线阵列对信号进行采样，然后对接收信号数据进行加权合并处理，得到阵列系统输出的处理器。

设在空间 $p_0$ 点有信号源为 $s(t,p_0)$ ，$t$ 为时间参数，$p_0$ 为空间中的位置向量。空间任意 $p$ 点的三维空间坐标表示为 $(p_x,p_y,p_z)$ ，相应的球形坐标系中表示为 $(\|p\|\sin\phi\cos\theta,\|p\|\sin\phi\sin\theta,\|p\|\sin\theta)$ ，如图 1-3 所示。

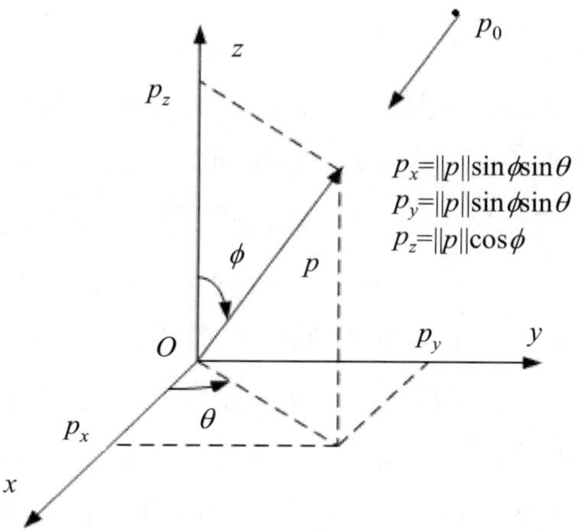


图 1-3 任意点的三维空间坐标

根据电磁场理论的麦克斯韦方程，假设信号源从空间 $p_0$ 点传播到空间 $p$ 点的表达式为

$$s(t,p)=\frac{A}{\|p-p_0\|^2}\mathrm{e}^{\mathrm{j}2\pi F_c\left(t-\frac{\|p-p_0\|}{c}\right)} \tag{1-10}$$

在式(1-10)中，$A$ 是电磁波信号的幅度，$F_c$ 为信号的载波频率，$c$ 为电磁波在媒介中的传播速度。由此可见，天线的主要功能是将空间传播

的电磁波转化为可测量的电压或者电流。传统上常使用单根天线来接收信号，而单天线系统只能通过机械的改变尺寸或方位来抑制干扰、提取期望信号，不能自适应地改变对信号的响应。将一组天线按一定方式依次摆放在空间的不同位置上就构成了天线阵列，天线阵列可以获取空间源信号数据，然后运用相应的方法进行相关信号处理来获取所需的信息。由于天线阵列能克服单天线系统的不足而受到广泛的关注。天线阵列由两部分组成：天线阵元以及多个天线阵元构成阵列的空间几何形状。不同天线阵元本身具有各自的空频响应特性，如阵元的响应特性灵敏度函数与信号的方位和频率相关，即通常所说的阵元具有方向性。

天线阵元可分为全向天线阵元和有向天线阵元。全向天线阵元是各向同性的，阵元对周围空间具有相同的响应灵敏度，并且认为组成宽带阵列的各个阵元在整个工作频带内具有平坦响应。有向天线阵元表示阵元响应是空间方位的函数，随着空间方位的变化而改变，构成宽带阵列的各阵元在不同的工作频率具有不同的方向响应。

天线阵列可以分为：线阵、平面阵和体积阵。线阵和平面阵是体积阵的特例，线阵是平面阵的特例。在阵列信号处理中，最常用的阵列结构有均匀线性阵、均匀圆阵和均匀分布圆弧阵。这里的圆弧阵是圆阵的一部分，线阵和圆阵是最基本的阵列结构，平面阵和体积阵是任意几何结构阵列。由于天线阵元构成阵列的形状多样，先考虑最为一般的情况。

图 1-4 给出了一个由 $M$ 阵元组成的任意几何结构阵列。

任意选定空间中的某阵元作为参考点，并以该参考点作为坐标原点建立直角坐标系，则阵列中各阵元的位置向量在直角坐标系中的三维坐标表示为

$$\boldsymbol{p}_m = [p_{xm}, p_{ym}, p_{zm}]^T \qquad m = 1, 2, \cdots, M \tag{1-11}$$

式(1-11)中，$(\ )^T$ 表示转置符号。假定一个平面波点源信号以 $\varphi = (\theta, \phi)$ 的空间方位角度入射到任意三维阵列，其中 $\theta$ 与 $\phi$ 分别代表入射信号的水平方位角和竖直俯仰角，信号沿传播方向的单位向量可以被定义为

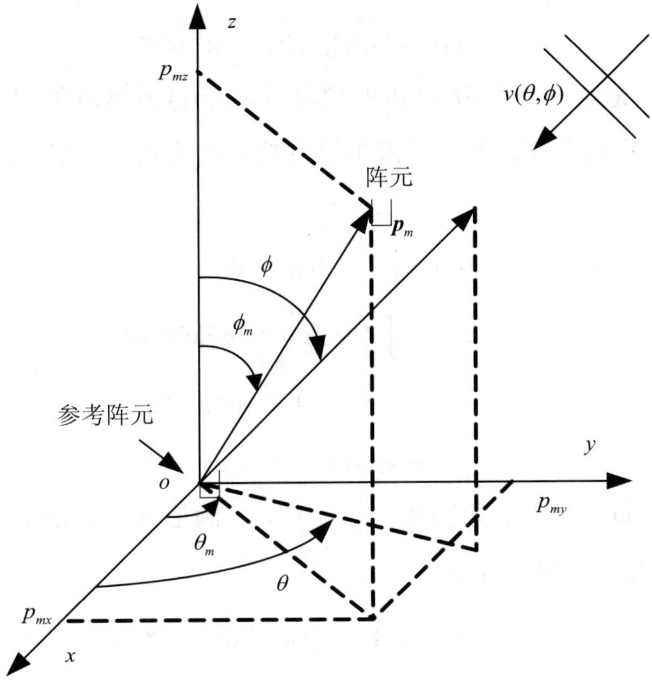


图 1-4 任意空间结构阵列模型

$$\begin{aligned}\boldsymbol{v}(\varphi)&=\boldsymbol{v}(\theta,\phi)\\&=-[\sin\phi\cos\theta,\sin\phi\sin\theta,\cos\phi]^T\end{aligned} \tag{1-12}$$

式(1-12)中，负号表示信号传播方向与阵列接收的方向相反。由于阵列中各阵元与信号源之间的距离各不相同，使得信号通过空间传播到达每个阵元的传播时间不同。

假设阵列参考点阵元接收到的信号波形为$s(t)$，则信号传播到达第$m$阵元所需要的时间相对于参考点阵元的时间延迟为

$$\begin{aligned}\tau_m(\varphi)&=\boldsymbol{v}^T(\varphi)\cdot\boldsymbol{p}_m/c\\&=-[p_{xm}\sin\phi\cos\theta+p_{ym}\sin\phi\cos\theta+p_{zm}\sin\phi\cos\theta]\\&=-[p_m\sin\phi_m\sin\phi\cos(\theta-\theta_m)+p_m\cos\phi_m\cos\theta]\end{aligned} \tag{1-13}$$

因此，第$m$阵元接收到的信号为

$$s_m(t)=s[t-\tau_m(\varphi)]\qquad m=1,2,\cdots,M \tag{1-14}$$

对于一个$M$阵元构成的天线阵列，其接收到的信号波形用向量的形

式表示为

$$\boldsymbol{x}(t)=[s_1(t),s_2(t),\cdots,s_M(t)]^T \tag{1-15}$$

式(1-15)中，$\boldsymbol{x}(t)$ 为一个 $M\times 1$ 维的列向量，$s_m(t)$ 为第 $m$ 阵元接收到的信号，将第 $m$ 阵元接收到的信号波形进行傅立叶变换，得到相应的信号频谱为

$$\begin{aligned}
s_m(\omega)&=\int_{-\infty}^{+\infty}s_m(t)\mathrm{e}^{-\mathrm{j}\omega t}\mathrm{d}t\\
&=\int_{-\infty}^{+\infty}s_m[t-\tau_m(\varphi)]\mathrm{e}^{-\mathrm{j}\omega t}\mathrm{d}t\\
&=\mathrm{e}^{-\mathrm{j}\omega\tau_m(\varphi)}\int_{-\infty}^{+\infty}s(t)\mathrm{e}^{-\mathrm{j}\omega t}\mathrm{d}t\\
&=s(\omega)\mathrm{e}^{-\mathrm{j}\omega\tau_m(\varphi)}
\end{aligned} \tag{1-16}$$

式(1-16)中，$\omega$ 是信号的角频率，它与频率 $f$ 满足 $\omega=2\pi f$ 的关系，参考点阵元接收信号 $s(t)$ 的频谱为

$$s(\omega)=\int_{-\infty}^{+\infty}s(t)\mathrm{e}^{-\mathrm{j}\omega t}\mathrm{d}t \tag{1-17}$$

将阵列中阵元接收到的信号频谱以向量形式表达，得到空间接收信号的向量模型为

$$\begin{aligned}
\boldsymbol{x}(\omega)&=[s_1(\omega),s_2(\omega),\cdots,s_M(\omega)]^T\\
&=[\mathrm{e}^{-\mathrm{j}\omega\tau_1(\varphi)},\mathrm{e}^{-\mathrm{j}\omega\tau_2(\varphi)},\cdots,\mathrm{e}^{-\mathrm{j}\omega\tau_M(\varphi)}]^T\cdot s(\omega)
\end{aligned} \tag{1-18}$$

定义 $\boldsymbol{a}(\omega,\varphi)=[\mathrm{e}^{-\mathrm{j}\omega\tau_1(\varphi)},\mathrm{e}^{-\mathrm{j}\omega\tau_2(\varphi)},\cdots,\mathrm{e}^{-\mathrm{j}\omega\tau_M(\varphi)}]^T$ 为阵列响应向量，则式(1-18)表示为

$$\boldsymbol{x}(\omega)=\boldsymbol{a}(\omega,\varphi)\cdot s(\omega) \tag{1-19}$$

根据信号角频率 $\omega$ 与信号频率 $f$ 之间的关系，阵列响应向量可以写成如下等效形式

$$\boldsymbol{a}(f,\varphi)=[\mathrm{e}^{-\mathrm{j}2\pi f\tau_1(\varphi)},\mathrm{e}^{-\mathrm{j}2\pi f\tau_2(\varphi)},\cdots,\mathrm{e}^{-\mathrm{j}2\pi f\tau_M(\varphi)}]^T \tag{1-20}$$

由式(1-20)可见，阵列响应向量是信号频率和空间方位角的函数，不同频率信号经过同一阵列有着不同的阵列响应向量，同一频率信号在不同的入射角下也会有着不同的阵列响应向量。

### 1.3.1 窄带信号模型

直线阵列是其他阵列的基础。图 1-5 为均匀线性阵列结构示意图，$M$ 个天线阵元等间距地分布在同一条直线上。以第 1 号阵元为参考阵元，各阵元都处于 $x$ 轴上，阵列的法线方向为 $y$ 轴，各阵元的间距为常数 $d$，则第 $m$ 阵元的参考阵元之间的距离为 $(m-1)d$。

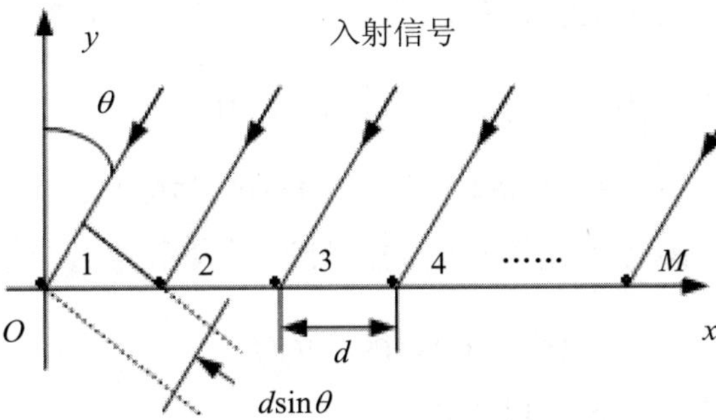


图 1-5 均匀线性阵列的结构图

当阵元间距 $d$ 为空间入射信号波长的一半时，即 $d=\lambda/2$（$\lambda$ 为入射信号载波波长），天线阵列为标准的均匀线性阵列时，由于信号是远场平面波点源信号，则认为信号入射到每个阵元上的竖直俯仰角相同。考虑远场平面波的点源信号从与法线方向夹角为 $\theta$ 方向入射到阵列，则信号到达各阵元相对阵列的参考阵元的时间延迟表达式为

$$\tau_m=-(m-1)d\sin\theta/c \qquad m=1,2,\cdots,M \tag{1-21}$$

得到一致线性阵的阵列响应向量表达式为

$$\boldsymbol{a}_{ULA}(f,\theta)=[1,\mathrm{e}^{\mathrm{j}2\pi fd\sin\theta/c},\cdots,\mathrm{e}^{\mathrm{j}2\pi f(M-1)d\sin\theta/c}]^T \tag{1-22}$$

由于空间信号通过天线阵列中任意两个阵元时都会产生传播延迟，假定空间中有一个载波频率为 $f_0$ 的信号 $s(t)$ 入射到天线阵列，就需要考虑较小传播延迟对空间信号 $s(t)$ 的影响，这时到达天线阵列第 $m$ 阵元的信号 $s_m(t)$ 表示为

$$\begin{aligned}s_m(t)&=s(t-\tau_m)\\&=\tilde{s}(t-\tau_m)\exp[\mathrm{j}2\pi f_0(t-\tau_m)]\end{aligned} \tag{1-23}$$

式(1-23)中，$\tau_m$ 为从参考阵元到第 $m$ 阵元接收信号的延迟时间，$\tilde{s}(t)$ 为信号的复包络。

当一个通过天线阵列的信号的所有频率成分只存在相移，而不存在幅度的变化，那么这个信号可以被认为是一个窄带信号。对于窄带信号，即信号传播穿过天线阵列时，信号幅度几乎不发生变化，得

$$\tilde{s}(t-\tau_m) \approx \tilde{s}(t) \tag{1-24}$$

将式(1-24)代入式(1-23)，得

$$\begin{aligned} s_m(t) &\approx \tilde{s}(t)\exp[\mathrm{j}2\pi f_0(t-\tau_m)] \\ &= \tilde{s}(t)\exp(-\mathrm{j}2\pi f_0\tau_m)\exp(\mathrm{j}2\pi f_0 t) \end{aligned} \tag{1-25}$$

由于天线阵列参考阵元接收到的信号波形表示为

$$s(t) = \tilde{s}(t)\exp(\mathrm{j}2\pi f_0 t) \tag{1-26}$$

从式(1-25)和式(1-26)，可以得

$$\tilde{s}_m(t) = \tilde{s}(t)\exp(-\mathrm{j}2\pi f_0\tau_m) \tag{1-27}$$

从式(1-27)可见，窄带信号本身的幅度相位变化很小，可以将阵列接收到的信号在时间上的延迟量转化为信号相应地相移量。将式(1-27)中右边的指数部分与式(1-20)进行对比，天线阵列中各阵元在时刻 $t$ 接收到的信号用向量形式描述为

$$\boldsymbol{x}_s(t) = \boldsymbol{a}(f,\theta)\cdot s(t) \tag{1-28}$$

其中，$\boldsymbol{x}_s(t) = [x_{s_1}(t), x_{s2}(t), \cdots, x_{sm}(t)]^T$ 为阵列各阵元接收到的信号向量。阵列在时刻 $t$ 接收信号数据向量 $\boldsymbol{x}(t)$ 的协方差矩阵为

$$\begin{aligned} \boldsymbol{R}_{ss} &= E[\boldsymbol{x}_s(t)\boldsymbol{x}_s^H(t)] \\ &= \boldsymbol{a}(f,\theta)E[s(t)s^H(t)]\boldsymbol{a}^H(f,\theta) \\ &= \sigma_s^2\boldsymbol{a}(f,\theta)\boldsymbol{a}^H(f,\theta) \end{aligned} \tag{1-29}$$

其中 $\sigma_s^2$ 表示为入射信号 $s(t)$ 的功率谱。

### 1.3.2 宽带信号模型

根据信号频谱带宽与中心频率的比例可将信号分为窄带信号、宽带

信号和超宽带信号。美国联邦通信委员会(Federal Communications Commission, FCC)对超宽带信号进行了定义：任何信号频谱宽带相对于载波频率的比值大于20%或信号的绝对带宽大于500MH的电磁波信号。然而，窄带信号与宽带信号没有明显的界定。对于窄带信号和宽带信号的划分一般认为当相对带宽(信号带宽与中心频率之比)小于1%称为窄带信号，在1%～25%的为宽带信号。通信系统中宽带信号包括瞬时宽带信号、宽带线性调频信号和频率步进信号，其中的线性调频信号最适用于远程通信。由于宽带信号包含有多个频率成分，宽带信号的频谱带宽可以认为是窄带信号频谱带宽的叠加。如有 $J$ 个空间窄带信号 $s(f_j,t)$，其各窄带信号的中心频率分别为 $f_j, j=1,2,\cdots,J$，则由这些窄带信号叠加而得到的宽带信号为

$$s(t)=\sum_{j=1}^{J}s(f_j,t) \tag{1-30}$$

由于阵列响应向量 $\boldsymbol{a}(f,\theta)$ 是频率 $f$ 的函数，对于宽带信号中的不同子频率 $\boldsymbol{a}(f,\theta)$ 不同。考虑空间宽带信号 $s(t)$ 以方向 $\theta$ 入射到阵列，其频率成分包括 $f_j, j=1,2\cdots,J$，根据阵列接收到的窄带信号的向量模型式(1-28)得到接收到的宽带信号数据向量为

$$\boldsymbol{x}_s(t)=\sum_{j=1}^{J}\boldsymbol{a}(f_j,\theta)s(f_j,t) \tag{1-31}$$

假设空间远场有 $N+1$ 个平面波点源宽带信号入射到天线阵列，且信号带宽均为 $B$，期望信号 $s_0(t)$ 的入射角为 $\theta_0$，干扰信号 $s_n(t)$ 的方位角为 $\theta_1,\cdots,\theta_n,\cdots,\theta_N$，则天线阵列第 $m$ 阵元接收到的宽带信号为

$$\boldsymbol{x}_m(t)=\sum_{n=0}^{N}s_n(t-\tau_m(\theta_n))+n_m(t) \tag{1-32}$$

式(1-32)中 $\tau_m(\theta)$ 为时间延迟，是第 $n$ 个信号到达第 $m$ 个阵元与该信号到达参考阵元时间的差值，$n_m(t)$ 为第 $m$ 阵元上的噪声。

将阵列第 $m$ 阵元接收信号数据 $x_m(t)$ 的整个观测时间 $T$ 依次分成连续的 $K$ 个时间段，每段数据的观测时间长度为 $\Delta T$。将各个时间段的数据

编号为 $k=1,\cdots,K$，第 $k$ 段数据所占据的观测时间为 $(n-1)\Delta T\leqslant t\leqslant n\Delta T$。然后，对各时间段数据进行 $J$ 点离散傅里叶变换，得到频域数据 $x_m(f_j,k)(k=1,2,\cdots,K)$，$f_j$ 为信号的第 $j$ 个子带频率，则得到第 $m$ 阵元的频域数据为

$$\boldsymbol{x}_m(f_j,k)=\sum_{n=0}^{N}\boldsymbol{a}_m(f_j,\theta_n)s_n(f_j,k)+n_m(f_j,k) \tag{1-33}$$

式(1-33)中，$\boldsymbol{a}_m(f_j,\theta_n)$为第 $n$ 个宽带信号的第 $j$ 个子带频率信号在第 $m$ 阵元上的阵列响应向量部分，$s_n(f_j,k)$为第 $n$ 个宽带信号的第 $j$ 个子带频率信号部分，$n_m(f_j,k)$为第 $m$ 阵元上接收到噪声的第 $j$ 个子带频率部分。阵列对应的宽带接收信号模型表达为

$$\boldsymbol{x}(f_j,k)=\sum_{m=1}^{M}\sum_{n=0}^{N}\boldsymbol{a}(f_j,\theta_n)s_n(f_j,k)+\sum_{m=1}^{M}n_m(f_j,k) \tag{1-34}$$

将式(1-34)写成矩阵形表达式

$$\boldsymbol{x}(f_j,k)=\boldsymbol{A}(f_j)\boldsymbol{S}(f_j,k)+\boldsymbol{N}(f_{j,k}) \tag{1-35}$$

式(1-35)中，$\boldsymbol{S}(f_j,k)$，$\boldsymbol{N}(f_j,k)$分别为信号与噪声频域数据向量，$\boldsymbol{A}(f_j)$为第 $j$ 个子频带的阵列流形矩阵，且分别表示为

$$\boldsymbol{S}(f_j,k)=[S_0(f_j,k),S_1(f_j,k),\cdots,S_N(f_j,k)]^T \tag{1-36}$$

$$\boldsymbol{N}(f_j,k)=[N_0(f_j,k),N_1(f_j,k),\cdots,N_N(f_j,k)]^T \tag{1-37}$$

$$\boldsymbol{A}(f_j,\theta)=[\boldsymbol{a}(f_j,\theta_0),\boldsymbol{a}(f_j,\theta_1),\cdots,\boldsymbol{a}(f_j,\theta_N)] \tag{1-38}$$

其中 $j=1,\cdots,J$； $n=0,1,\cdots,N$； $k=1,\cdots,K$， 且有

$$\boldsymbol{a}(f_j,\theta_n)=[\boldsymbol{a}_1(f_j,\theta_n),\boldsymbol{a}_2(f_j,\theta_n),\cdots,\boldsymbol{a}_M(f_j,\theta_n)]^T \tag{1-39}$$

由此可见，将宽带信号的带宽 $B$ 划分为 $J$ 个子频带窄带信号后，则对一个宽带信号处理相当于对 $J$ 个窄带信号进行处理。类推可以得到宽带信号的协方差矩阵，其相当于各个子频率窄带信号协方差矩阵的和。阵列接收宽带信号的第 $j$ 个子频率窄带信号协方差矩阵表达式为

$$\begin{aligned}\boldsymbol{R}_{xx}(f_j)&=E\{\boldsymbol{x}(f_j)\boldsymbol{x}^H(f_j)\}\\&=\boldsymbol{A}(f_j)\boldsymbol{R}_{ss}(f_j)\boldsymbol{A}^H(f_j)+\sigma^2I\end{aligned} \tag{1-40}$$

式(1-40)中，$\boldsymbol{R}_{ss}(f_j)=E\{S(f_j,k)S^H(f_j)\}$是远场平面波点源信号第 $j$ 个子频率的

协方差矩阵。由于不能直接得到真实的协方差矩阵，只能通过求平均进行估计，则宽带信号的协方差矩阵为

$$\begin{aligned}\boldsymbol{R}_{xx} &= \frac{1}{J}\sum_{j=1}^{J}\boldsymbol{R}_{xx}(f_j)\\ &= \frac{1}{J}\sum_{j=1}^{J}\boldsymbol{x}(f_j)\boldsymbol{x}^H(f_j)\end{aligned} \tag{1-41}$$

式(1-41)中，$(\ )^H$ 表示矩阵的复共轭转置运算符号。

## 1.4 阵列波束形成准则

天线阵列是通过一些优化波束形成算法在空间中形成具有方向指向性的波束图，实现将主瓣波束指向空间中的期望信号方向，零陷对准干扰信号方向，从而达到抽取期望信号、抑制干扰和提高输出信噪比的目的。

由于天线阵列由离散的天线阵元组成，空间电磁波信号经过空间媒介传播到阵列各阵元，各阵元接收信号之间存在相对传播时间延迟。波束形成就是通过对这些时延进行相应地补偿处理，使补偿后各阵元输出在期望方向上满足相干同向相加，因而阵列在此方向上的输出达到最大值，在其他方向的输出受到控制，达到抑制和消除非期望方向干扰，实现空域滤波的作用。图 1-6 为波束形成器原理图，其中，给定 $M$ 元一致线性阵列，信号为远场平面波点源信号。

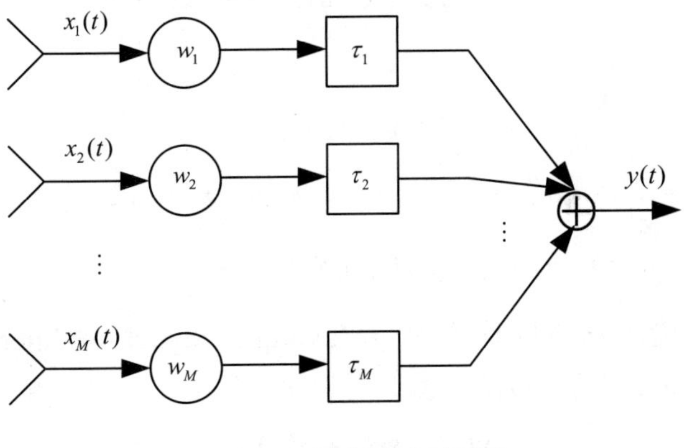


图 1-6 波束形成原理图

阵列波束输出为

$$y(t)=\sum_{m=1}^{M} w_m x_m(t-\tau_m) \tag{1-42}$$

式(1-42)中 $x_m(t)$ 为第 $m$ 阵元接收到的信号，$\tau_m$ 为第 $m$ 阵元接收信号的相对时间延迟，$w_m$ 为第 $m$ 阵元的加权值，$y(t)$ 为阵列输出。延迟单元的作用是将各阵元信号同相位，加权值的目的是对各阵元接收信号进行加权以得到期望形状的波束图。

### 1.4.1 窄带波束形成器的优化准则

为得到期望的阵列处理性能，选择恰当的阵元的加权值，在自适应阵列处理中常常需要使用不同的波束形成最优准则，目前对于窄带最佳波束形成的常用最优准则有:

(1) 最小均方误差准则 (Minimum Mean Square Error, MMSE)

最小均方误差(MMSE)准则：使输出的信号与期望信号的均方误差最小。设期望信号(参考信号)为 $d(n)$，则估计误差为

$$\begin{aligned} e(n)&=d(n)-y(n)\\ &=d(n)-\boldsymbol{w}^H\boldsymbol{x}(n) \end{aligned} \tag{1-43}$$

寻求最佳权，

$$\begin{aligned} \boldsymbol{w}_{opt}&=\arg\min E\{|e(n)|^2\}\\ &=\arg\min E\{|d(n)-\boldsymbol{w}^H\boldsymbol{x}(n)|^2\} \end{aligned} \tag{1-44}$$

其最优解为

$$\boldsymbol{w}_{opt}=\boldsymbol{R}_{xx}^{-1}\boldsymbol{r}_{xd} \tag{1-45}$$

其中，$\boldsymbol{R}_{xx}=E\left\{x(n)x^H(n)\right\}$ 为输入矢量 $\boldsymbol{x}(n)$ 的自相关矩阵。$\boldsymbol{r}_{xd}=E\left\{x(n)d^*(n)\right\}$ 为 $x(n)$ 与 $d(n)$ 的互相关矢量。

(2) 最大输出信干噪比准则 (Maximum Signal to Interference and Noise Ratio，MSINR)。设阵列输入矢量为

$$\boldsymbol{x}(n)=\boldsymbol{s}(n)+\boldsymbol{n}(n) \tag{1-46}$$

其中，阵列接收到的信号矢量为 $\boldsymbol{s}(n)$，噪声矢量为 $\boldsymbol{n}(n)$。输出信号表示为

$$\begin{aligned} \boldsymbol{y}(n) &= \boldsymbol{w}^H \boldsymbol{x}(n) \\ &= \boldsymbol{w}^H \boldsymbol{s}(n) + \boldsymbol{w}^H \boldsymbol{n}(n) \end{aligned} \tag{1-47}$$

输出的有用信号功率为 $p_s = \boldsymbol{w}^H \boldsymbol{R}_{ss} \boldsymbol{w}$，输出的噪声功率为 $p_n = \boldsymbol{w}^H \boldsymbol{R}_{nn} \boldsymbol{w}$，其中 $\boldsymbol{R}_{ss} = E\left\{\boldsymbol{s}(n)\boldsymbol{s}^H(n)\right\}$，$\boldsymbol{R}_{nn} = E\left\{\boldsymbol{n}(n)\boldsymbol{n}^H(n)\right\}$，最佳权的求取优化为

$$\begin{aligned} \boldsymbol{w}_{opt} &= \arg\max \frac{p_s}{p_n} \\ &= \arg\max \frac{\boldsymbol{w}^H \boldsymbol{R}_{ss} \boldsymbol{w}}{\boldsymbol{w}^H \boldsymbol{R}_{nn} \boldsymbol{w}} \end{aligned} \tag{1-48}$$

其最优解为 $\boldsymbol{w}_{opt}=\mu \boldsymbol{R}_{xx}{}^{-1}\boldsymbol{a}(\theta_0)$，其中 $\mu$ 为标量常数。

(3) 最小噪声方差准则 (Minimum Noise Variance，MNV)

当期望信号和方向都已知时，为使在期望信号 $\mathbf{a}(\theta_0)$ 的增益为常数的条件下，输出的功率最小，即在输出的信干噪比最大的时候，有

$$\min_{\boldsymbol{w}} P_{out} = \min_{\boldsymbol{w}} E[|\boldsymbol{y}(t)|^2] \tag{1-49}$$

$\min\limits_{\boldsymbol{w}}[\ ]$表示选择最优化的 $\boldsymbol{w}$ 使[ ]中的函数最小。若不加约束，则功率极小值在 $\boldsymbol{w}$=0 时取值，没有意义。因此必须加条件约束，常用的约束方法是保证滤波器对其望信号的响应为常数，也就是：$\boldsymbol{w}^H \boldsymbol{a}(\theta_0) = c$，其中，$\boldsymbol{a}(\theta_0)$ 为期望信号导向矢量，$c$ 为常数。令常数等于 1，从而式(1-48)准则写为

$$\min_{\boldsymbol{w}^H \boldsymbol{a}(\theta_0)=1} P_{out} = \min_{\boldsymbol{w}^H \boldsymbol{a}(\theta_0)=1} E[|\mathbf{y}(t)|^2] \tag{1-50}$$

$\min\limits_{\boldsymbol{w}^H \boldsymbol{a}(\theta_0)=1}[\ ]$表示在满足 $\boldsymbol{w}^H \boldsymbol{a}(\theta_0) = 1$ 的条件下选择的 $w$ 使[ ]中的函数最小。

输出功率表示为

$$P_{out} = E[|\boldsymbol{y}(t)|^2] = E\left[\boldsymbol{w}^H x(t) \boldsymbol{w}^H x(t)^*\right] = E\left[\boldsymbol{w}^H \boldsymbol{R}_{xx} \boldsymbol{w}\right] \tag{1-51}$$

式(1-51)中，$\boldsymbol{R}_{xx} = E[\boldsymbol{x}(t)\boldsymbol{x}^H(t)]$ 为输入信号 $\boldsymbol{x}(t)$ 的协方差矩阵，用拉格朗日乘子求解式(1-50)，得

$$\boldsymbol{w}_{opt} = P_{out,\min} \boldsymbol{R}_{xx}^{-1} \boldsymbol{a}(\theta_0) \tag{1-52}$$

式(1-52)所表示的最优波束形成器即为最小方差无失真响应(MVDR)波束形成器，这时相应的最小输出功率为

$$P_{out,\min}=\left[\boldsymbol{a}^H(\theta_0)\boldsymbol{R}_{xx}^{-1}\boldsymbol{a}(\theta_0)\right]^{-1} \tag{1-53}$$

则，输出信干噪比为

$$\mathrm{SINR}_{out}=\sigma_s^2\boldsymbol{a}^H(\theta_0)\boldsymbol{R}_{xx}^{-1}\boldsymbol{a}(\theta_0) \tag{1-54}$$

在 MMSE 准则中，把期望信号 $s_0(t)$ 看成是参考信号 $d(t)$，由于干扰和噪声与期望信号不相干，则

$$\begin{aligned}\boldsymbol{r}_{xd}&=E[\boldsymbol{x}(t)d^*(t)]\\&=E[\boldsymbol{a}(\theta_0)s_0(t)d^*(t)+\boldsymbol{x}_{i+n}(t)d^*(t)]\\&=E[s_0(t)d^*(t)]\boldsymbol{a}(\theta_0)\end{aligned} \tag{1-55}$$

令 $\mu=E\left[s_0(t)d^*(t)\right]$，上式变为 $\boldsymbol{r}_{xd}=\mu\boldsymbol{a}(\theta_0)$，则

$$\boldsymbol{w}_{opt,MMSE}=\mu\boldsymbol{R}_{xx}^{-1}\boldsymbol{a}(\theta_0) \tag{1-56}$$

比较式(1-45)和式(1-56)可以看出 MMSE 准则和 MNV 准则下的最优权矢量只相差一个常数因子，而该值不影响阵列的输出 SINR，因此，两种准则是等价的。同理可知 MMSE 准则和 MSINR 准则在期望信号方向矢量和协方差矩阵 $R_{xx}$ 准确已知的条件下也是等效的，进而可以推出三种准则都是等价的。

假设均匀直线阵列阵元个数为 16，期望信号方向为 0°，期望信号为线性调频信号，信噪比为 10dB，干扰方向 30°，干扰信号的信噪比为 30dB，快拍数为 512，阵元间距为 $d=\lambda/2$，图 1-7 为在三种优化准则下的窄带波束形成比较图。

从图 1-7 可以看出窄带波束形成器在三种优化准则下所形成波束图的主瓣宽度一致，故对期望信号的指向性一致，而 MNV 准则形成的零陷最深。这是因为 MSINR 准则最佳条件是需要知道干扰噪声的协方差矩阵和期望信号方向，MMSE 准则需要知道参考信号 $d(t)$，而 MNV 准则只需要知道期望信号方向。在仿真中，由于 0° 期望信号方向是精确已知的，而参考信号和干扰噪声的协方差矩阵不能准确得到，故在波束形成中会造成期望信号相消现象，这使得波束图中的零陷深度变浅。

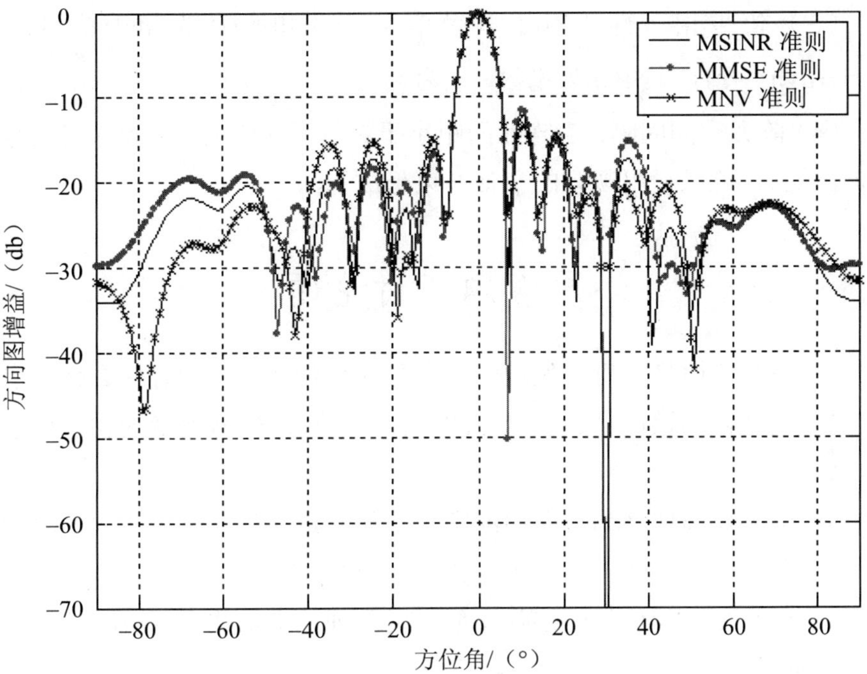


图 1-7 三种优化准则的波束图

自适应阵列的权矢量是在有限快拍数据估计下得到的阵列接收信号的统计特性，因而在实际阵列处理中最优权矢量是得不到的。波束形成算法是在某一准则下寻求最优权矢量的过程，而通过前面证明可知在一些给定的条件下，这三种准则性能是等效的，因此在阵列处理中，需要根据实际情况选择不同的准则达到最后的最优波束形成。

### 1.4.2 影响波束图的因素

造成阵列系统的波束图产生误差的原因有很多，如实际应用中外部环境因素、阵列系统中自身阵元的位置误差以及所选择的波束形成算法等等，而与阵列系统有关的造成系统性能下降的因素通常考虑为：

（1）信噪比（SNR）：$\mathrm{SNR}=20\log(\sigma_p/\sigma_n)$，$\sigma_P^2$ 和 $\sigma_n^2$ 分别为信源功率和噪声功率。

（2）信号频率范围：对于中心频率为 $f_0$ 的信号源，频率范围为

$f_0 - BW/2 \sim f_0 + BW/2$ ($BW$ 定义为信号带宽)。

（3）信号相干性：对于多径信号 $s_1(t)$ 和 $s_2(t)$ 为相干信号，则 $s_1(t) = as_2(t-\tau)$，其中 $a$ 为系数，$\tau$ 为延迟。

（4）阵元空间间隔：当阵元间距小于或等于 $\lambda/2$ 时（$\lambda$ 为入射信号的载波波长），可以使用现有的窄带波束形成算法。

## 思考题与讨论题

1．请简述信号分析与处理的内容分别是什么。它们有什么异同点？

2．试解释离散信号的表示方法是什么。离散信号变量的物理概念是什么？

3．请解释周期序列与非周期序列是如何定义的。试举一周期序列的例子。

4．请简述空间信号的接收模型以及阵列波束形成准则有哪些。

# 第2章　傅里叶变换

傅里叶变换是数字信号处理领域一种很重要的算法。那么为什么会有人提出傅里叶变换？傅里叶是一位法国数学家和物理学家的名字，英语原名是（Jean Baptiste Joseph Fourier，1768—1830），Fourier对热传递很感兴趣，于1807年在法国科学学会上发表了一篇论文，运用正弦曲线来描述温度分布，论文里有个在当时具有争议性的决断：任何连续周期信号可以由一组适当的正弦曲线组合而成。当时审查这个论文的人，其中有两位是历史上著名的数学家拉格朗日（Joseph Louis Lagrange, 1736—1813）和拉普拉斯（Pierre Simon de Laplace，1749—1827），当拉普拉斯和其他审查者投票通过并要发表这个论文时，拉格朗日坚决反对，在近50年的时间里，拉格朗日坚持认为傅里叶的方法无法表示带有棱角的信号，如在方波中出现非连续变化斜率。谁是对的呢？拉格朗日是对的：正弦曲线无法组合成一个带有棱角的信号。但是，我们可以用正弦曲线来非常逼近地表示它，逼近到两种表示方法不存在能量差别，基于此，傅里叶是对的。那么为什么我们要用正弦曲线来代替原来的曲线呢？如我们也还可以用方波或三角波来代替呀，分解信号的方法是无穷的，但分解信号的目的是为了更加简单地处理原来的信号。用正余弦来表示原信号会更加简单，因为正余弦拥有原信号所不具有的性质：正弦曲线保真度。一个正弦曲线信号输入后，输出的仍是正弦曲线，只有幅度和相位可能发生变化，但是频率和波的形状仍是一样的。且只有正弦曲线才拥有这样的性质，正因如此我们才不用方波或三角波来表示。

根据原信号的不同类型，傅里叶变换可以分为：周期性连续信号的傅里叶级数变换（Fourier Series），非周期性连续信号的傅里叶变换（Fourier Transform），周期性离散信号的离散傅里叶变换（Discrete Fourier Transform）和非周期性离散信号的离散时域傅里叶变换（Discrete Time

Fourier Transform）。本章中将对这四种类别和它们之间的关系进行分别讨论。

## 2.1 连续周期信号的傅里叶级数变换

在分析一个系统的信号时，一般有两种方法：时域的方法和频域的方法。时域的方法是容易理解的，利用学过的数学知识，对系统的函数表达式及方程或者系统单位冲激响应，通过一系列的求导、微分、积分来求解方程表达式或者输出响应等。对系统的时域分析物理概念清楚，是一种受欢迎的有效的分析方法，但是时域分析法有时会存在着一些不便利的地方，而这些正是变换域的强项。对于周期信号来说，傅里叶级数是傅里叶变换的一种特殊表达方式。傅里叶级数的分析是将信号表达成若干正弦、余弦函数的线性求和，而傅里叶变换的数学表达式是求积分。对于连续函数来说，求积分和求和在本质上一样的，因此连续函数的傅里叶变换是傅里叶级数变换的一种推广和延伸。

那么什么是“周期信号”呢？在自然界中广泛存在着相隔一定时间的往复运动，如：日月星球的运动，海洋潮汐的运动，工厂里机器部件的往复运动，时钟摆的摆动以及人体心脏的跳动等等，这些都是周期性运动。为了描述周期性的运动过程，数学上是借助周期函数来描述的。

如果 $f(t)=f(t\pm mT)$，其中 $m$ 为任意整数，则称 $f(t)$ 为周期信号。其中满足上式的最小 $T$ 为周期信号的周期。对于周期为 $T$ 的周期信号，记为 $\tilde{f}_T(t)$。数学中的傅里叶级数理论指出：任何周期 $T$ 的复值连续函数 $\tilde{f}_T(t)$，只要满足狄里赫利条件，都可以展开为 $\tilde{f}_T(t)$ 的复指数形式

$$\tilde{f}_T(t)=\sum_{m=-\infty}^{+\infty}F_m\mathrm{e}^{\mathrm{j}\frac{2\pi}{T}mt} \tag{2-1}$$

其中 $F_m=\dfrac{1}{T}\int_{-\frac{T}{2}}^{\frac{T}{2}}\mathrm{e}^{-\mathrm{j}\frac{2\pi}{T}mt}\mathrm{d}t$ 为连续傅里叶级数系数，将 $\tilde{f}_T(t)$ 和 $F_m$ 记为一对傅里叶级数变换对，可以表示为

$$\tilde{f}_T(t) \xleftrightarrow{\text{FST}} F_m \quad (\text{FST: Fourier Series Transformation})$$

傅里叶级数变换对能否表示任意的连续周期函数，历史上曾有过激烈的争论，直到狄里赫利给出了严密的条件，即狄里赫利条件，在这些条件喜爱，连续时间周期信号才有它的傅里叶级数变换表示，有以下几个条件。

条件 1：周期信号 $\tilde{f}_T(t)$ 在其周期区间 $T$ 内必须是模可积，即

$$\int_T \left|\tilde{f}_T(t)\right| \mathrm{d}t < \infty \tag{2-2}$$

条件 1 确保了 $\left|F_m\right| < \infty$。

条件 2：周期信号 $\tilde{f}_T(t)$ 在其周期区间 $T$ 内只允许有限个极大值和极小值。

条件 3：周期信号 $\tilde{f}_T(t)$ 在期区间 $T$ 内只允许有限个不连续点，且在这些不连续点上，函数是有限值。

不符合狄里赫利条件的信号属于反常信号，在实际中一般不存在。因此，狄里赫利条件不影响傅里叶级数变换的广泛性，对于实际的周期信号，可以放心地使用其傅里叶级数表示。连续周期信号的傅里叶级数变换可以表示成：

正变换

$$F_m = \frac{1}{T} \int_{-\frac{T}{2}}^{\frac{T}{2}} f(t) \mathrm{e}^{-\mathrm{j}\frac{2\pi}{T}mt} \mathrm{d}t \tag{2-3}$$

反变换

$$\tilde{f}_T(t) = \sum_{m=-\infty}^{+\infty} F_m \mathrm{e}^{\mathrm{j}\frac{2\pi}{T}mt} \tag{2-4}$$

式(2-3)称为分析公式，式(2-4)称为合成公式。式(2-3)和式(2-4)表明周期信号都可以表示为与重复频率 $\omega = 2\pi/T$ 成谐波关系的复正弦信号 $\mathrm{e}^{\mathrm{j}m\omega t}$ 的线性组合，加权系数就是傅里叶级数系数 $F_m$。

在傅里叶级数的表示上还有一些列重要的性质和定理，这些性质和定理有助于简化求取很多信号傅里叶级数的复杂性。

（1）移位性质

若 $\tilde{f}(t)\xleftrightarrow{\text{FST}}F_m$，则 $\tilde{f}_T(t-\tau)\xleftrightarrow{\text{FST}}F_m\mathrm{e}^{-\mathrm{j}\frac{2\pi}{T}m\tau}$,而

$$\tilde{f}(t)\mathrm{e}^{\mathrm{j}n\frac{2\pi}{T}t}\xleftrightarrow{\text{FST}}F_{m-n}\text{。}\tag{2-5}$$

（2）卷积定理

若 $\tilde{f}(t)\xleftrightarrow{\text{FST}}F_m$，$\tilde{g}(t)\xleftrightarrow{\text{FST}}G_m$，则

$$\tilde{f}(t)*\tilde{g}(t)=\frac{1}{T}\int_{-\frac{T}{2}}^{\frac{T}{2}}\tilde{f}_T(t-\tau)\tilde{g}_t(\tau)\mathrm{d}\tau\xleftrightarrow{\text{FST}}F_mG_m\tag{2-6}$$

证明：

$$\begin{aligned}
&\frac{1}{T}\int_{-\frac{T}{2}}^{\frac{T}{2}}\tilde{f}_T(t)\sum_{m=-\infty}^{\infty}G_m\mathrm{e}^{-\mathrm{j}\frac{2\pi}{T}m\tau}\mathrm{e}^{\mathrm{j}\frac{2\pi}{T}mt}\mathrm{d}\tau\\
&=\frac{1}{T}\int_{-\frac{T}{2}}^{\frac{T}{2}}\tilde{f}_T(t)\sum_{m=-\infty}^{\infty}G_m\mathrm{e}^{-\mathrm{j}\frac{2\pi}{T}m(t-\tau)}\mathrm{d}\tau\\
&=\sum_{m=-\infty}^{\infty}G_m\left[\frac{1}{T}\int_{-\frac{T}{2}}^{\frac{T}{2}}\tilde{f}_T(t)\mathrm{e}^{-\mathrm{j}\frac{2\pi}{T}m\tau}\mathrm{d}\tau\right]\mathrm{e}^{\mathrm{j}\frac{2\pi}{T}mt}\\
&=\sum_{m=-\infty}^{\infty}G_mF_m\mathrm{e}^{\mathrm{j}\frac{2\pi}{T}mt}
\end{aligned}\tag{2-7}$$

根据周期信号的傅里叶级数表示，所以有 $\tilde{f}(t)*\tilde{g}(t)\xleftrightarrow{\text{FST}}F_mG_m$。

$$\tilde{f}(t)\cdot\tilde{g}(t)\xleftrightarrow{\text{FST}}\sum_{m=-\infty}^{+\infty}F_{m-n}G_n\tag{2-8}$$

证明：

$$\begin{aligned}
&\sum_{m=-\infty}^{+\infty}\left(\sum_{n=-\infty}^{+\infty}F_{m-n}G_n\right)\mathrm{e}^{\mathrm{j}\frac{2\pi}{T}mt}\\
&=\sum_{m=-\infty}^{+\infty}\left(\sum_{n=-\infty}^{+\infty}\frac{1}{T}\int_{-\frac{T}{2}}^{\frac{T}{2}}\tilde{f}_T(\tau)\mathrm{e}^{\mathrm{j}\frac{2\pi}{T}n\tau}\mathrm{e}^{-\mathrm{j}\frac{2\pi}{T}m\tau}\mathrm{d}\tau\cdot G_n\right)\mathrm{e}^{\mathrm{j}\frac{2\pi}{T}mt}\\
&=\sum_{m=-\infty}^{+\infty}\left(\frac{1}{T}\int_{-\frac{T}{2}}^{\frac{T}{2}}\tilde{f}_T(\tau)\mathrm{e}^{-\mathrm{j}\frac{2\pi}{T}m\tau}\mathrm{d}\tau\cdot\sum_{n=-\infty}^{+\infty}G_n\mathrm{e}^{\mathrm{j}\frac{2\pi}{T}n\tau}\right)\mathrm{e}^{\mathrm{j}\frac{2\pi}{T}mt}\\
&=\sum_{m=-\infty}^{+\infty}\left(\frac{1}{T}\int_{-\frac{T}{2}}^{\frac{T}{2}}\tilde{f}_T(\tau)\cdot\tilde{g}_T(\tau)\mathrm{e}^{-\mathrm{j}\frac{2\pi}{T}m\tau}\mathrm{d}\tau\right)\mathrm{e}^{\mathrm{j}\frac{2\pi}{T}mt}
\end{aligned}\tag{2-9}$$

根据周期信号的傅里叶级数表示，所以有 $\tilde{f}(t)\cdot\tilde{g}(t)\xleftrightarrow{\text{FST}}\sum_{m=-\infty}^{+\infty}F_{m-n}G_n$。

（3）帕斯瓦尔定理

若 $\tilde{f}(t)\xleftrightarrow{\text{FST}}F_m$，$\tilde{g}(t)\xleftrightarrow{\text{FST}}G_m$，则

$$\frac{1}{T}\int_{-\frac{T}{2}}^{\frac{T}{2}}\tilde{f}_T(t)\,\tilde{g}_T(t)\mathrm{d}t=\sum_{m=-\infty}^{+\infty}F_mG_m \tag{2-10}$$

证明：

$$\begin{aligned}&\frac{1}{T}\int_{-\frac{T}{2}}^{\frac{T}{2}}\tilde{f}_T(t)\,\tilde{g}_T(t)\mathrm{d}t\\&=\frac{1}{T}\int_{-\frac{T}{2}}^{\frac{T}{2}}\tilde{f}_T(t)\sum_{m=-\infty}^{\infty}G_m\mathrm{e}^{\mathrm{j}\frac{2\pi}{T}mt}\mathrm{d}t\\&=\sum_{m=-\infty}^{+\infty}F_mG_m\end{aligned} \tag{2-11}$$

（4）能量定理

$$\frac{1}{T}\int_{-\frac{T}{2}}^{\frac{T}{2}}\left|\tilde{f}_T(t)\right|^2\mathrm{d}t=\sum_{m=-\infty}^{+\infty}\left|F_m\right|^2 \tag{2-12}$$

式（2-12）左边是周期信号 $\tilde{f}_T(t)$ 在一个周期内的平均功率（也就是单位时间内的能量），$\left|F_m\right|^2$ 就是 $\tilde{f}_T(t)$ 中第 $m$ 次谐波的平均功率，因此能量定理说明，一个周期信号的总平均功率就等于它的全部谐波分量的平均功率之和。

例：求解 $\tilde{\delta}_T(t)=\sum_{m=-\infty}^{+\infty}\delta(t-mT)\xleftrightarrow{\text{FST}}?$

解：$\frac{1}{T}\int_{-\frac{T}{2}}^{\frac{T}{2}}\tilde{\delta}_T(t)\mathrm{e}^{-\mathrm{j}n\frac{2\pi}{T}t}\mathrm{d}t=\frac{1}{T}$

$$\tilde{\delta}_T(t)=\frac{1}{T}\sum_{n=-\infty}^{+\infty}\mathrm{e}^{\mathrm{j}n\frac{2\pi}{T}t}$$

故 $\tilde{\delta}_T(t)=\sum_{m=-\infty}^{+\infty}\delta(t-mT)\xleftrightarrow{\text{FST}}\frac{1}{T}$

同理可得 $\delta(t)\xleftrightarrow{\text{FST}}1$

$$\mathrm{e}^{\mathrm{j}t\xi}\xleftrightarrow{\text{FST}}2\pi\delta(\Omega-\xi)$$

$$\sum_{m=-\infty}^{+\infty}\mathrm{e}^{\mathrm{j}mt\xi}\xleftrightarrow{\text{FST}}2\pi\delta(\Omega-m\xi)$$

$$\begin{aligned}\tilde{\delta}_T(t)=\frac{1}{T}\sum_{m=-\infty}^{+\infty}\mathrm{e}^{\mathrm{j}m\frac{2\pi}{T}t}\ \frac{2\pi}{T}\xleftrightarrow{\text{FST}}&\sum_{m=-\infty}^{+\infty}\delta(\Omega-m\frac{2\pi}{T})\\&=\frac{2\pi}{T}\tilde{\delta}_{\frac{2\pi}{T}}(\Omega)\\&=\Omega_0\tilde{\delta}_{\Omega_0}(\Omega)\end{aligned}$$

令 $\Omega_0=\dfrac{2\pi}{T}$

## 2.2 连续信号的傅里叶变换

傅里叶提出：任何连续周期信号可以由一组适当的正弦曲线组合而成。这是傅里叶变换的根本所在，这句话揭示了信号的本质组成，也可以说级数（如泰勒级数和傅里叶级数等）可以近似或者说在无穷的情况下等于某种函数。对于连续信号的傅里叶变换，我们首先把一个有限持续期的非周期函数 $f(t)$，用周期延拓方法构造成周期函数 $\tilde{f}_T(t)$，即

$$\tilde{f}_T(t)=\sum_{l=-\infty}^{+\infty}f(t-lT)\tag{2-13}$$

其中，周期区间 $T$ 大于 $f(t)$ 的非零区间，见图 2-1 所示。

然后利用连续周期信号的傅里叶变换，$\tilde{f}_T(t)$ 可以表示为

$\tilde{f}_T(t)=\sum_{m=-\infty}^{+\infty}F_m\mathrm{e}^{\mathrm{j}\omega mt}$，其中 $F_m=\dfrac{1}{T}\int_{-\frac{T}{2}}^{\frac{T}{2}}\mathrm{e}^{-\mathrm{j}\omega mt}\mathrm{d}t$，由于 $\tilde{f}_T(t)=f(t)$，$t\in T$，

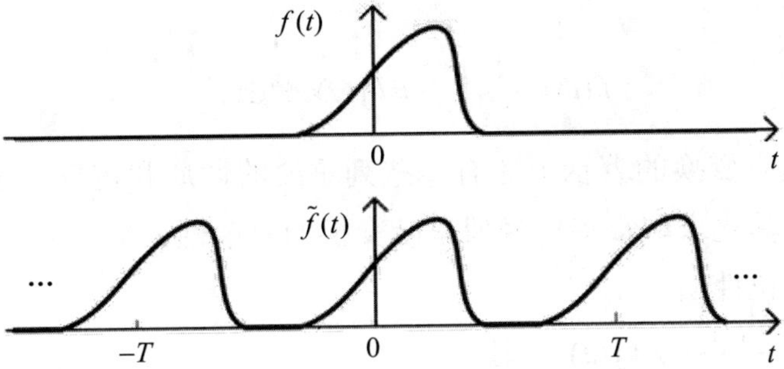


图 2-1　信号 $f(t)$ 周期延拓

且 $f(t)=0$，$t\notin T$。则 $F_m$ 可以改成

$$F_m=\frac{1}{T}\int_{-\infty}^{+\infty}f(t)\mathrm{e}^{-\mathrm{j}\omega mt}\mathrm{d}t \tag{2-14}$$

若定义：$F(j\Omega)=\int_{-\infty}^{\infty}f(t)\mathrm{e}^{-\mathrm{j}\Omega t}\mathrm{d}t$，则系数 $F_m$ 可以写成 $F_m=F(\mathrm{j}\Omega m)/T$，把它代入 $\tilde{f}_T(t)$ 的合成公式，则有

$$\tilde{f}_T(t)=\frac{1}{T}\sum_{m=-\infty}^{\infty}F(\mathrm{j}\Omega m)\mathrm{e}^{\mathrm{j}m\Omega t} \tag{2-15}$$

当周期延拓的周期趋于无穷时，$\tilde{f}_T(t)$ 趋于 $f(t)$，则有

$$f(t)=\lim_{T\to\infty}\tilde{f}_T(t)=\lim_{T\to\infty}\frac{1}{T}\sum_{m=-\infty}^{\infty}F(\mathrm{j}\Omega_0 m)\mathrm{e}^{\mathrm{j}m\Omega t}=\frac{1}{T}\int_{-\infty}^{\infty}F(\mathrm{j}\Omega)\mathrm{e}^{\mathrm{j}\Omega t}\mathrm{d}\Omega \tag{2-16}$$

其中，当 $T$ 趋于无穷时，离散频率 $\Omega_0 m$ 趋于连续频率 $\Omega$，谱线间隔趋于 $d\Omega$，无线求和就演变成一个积分形式。它使得时域上的非周期函数 $f(t)$ 与频域上的连续函数 $F(\mathrm{j}\Omega)$ 之间构成一个变换对，称为连续信号的傅里叶变换对，并通常表示为

$f(t)\xleftrightarrow{\text{CFT}}F(\mathrm{j}\Omega)$　（CFT：Continuous Fourier Transformation）

连续信号的傅里变换可以表示成：

正变换

$$F(\mathrm{j}\Omega)=\int_{-\infty}^{+\infty}f(t)\mathrm{e}^{-\mathrm{j}\Omega t}\mathrm{d}t \tag{2-17}$$

反变换

$$f(t)=\frac{1}{2\pi}\int_{-\infty}^{+\infty}F(\mathrm{j}\Omega)\mathrm{e}^{\mathrm{j}\Omega t}\mathrm{d}\Omega \tag{2-18}$$

在傅里叶变换的表示上还有一些列重要的性质和定理，这些性质和定理有助于简化求取很多信号傅里叶变换的复杂性：

（1）移位性质

若 $f(t)\xleftrightarrow{\mathrm{CFT}}F(\mathrm{j}\Omega)$，则

$$f(t-\tau)\xleftrightarrow{\mathrm{CFT}}F(\mathrm{j}\Omega)\mathrm{e}^{-\mathrm{j}\Omega\tau} \tag{2-19}$$

$$f(t)\mathrm{e}^{\mathrm{j}t\xi}\xleftrightarrow{\mathrm{CFT}}F(\mathrm{j}\Omega-\mathrm{j}\xi) \tag{2-20}$$

（2）卷积定理

若 $f(t)\xleftrightarrow{\mathrm{CFT}}F(\mathrm{j}\Omega)$， $g(t)\xleftrightarrow{\mathrm{CFT}}G(\mathrm{j}\Omega)$，则

$$f(t)*g(t)\xleftrightarrow{\mathrm{CFT}}F(\mathrm{j}\Omega)G(\mathrm{j}\Omega) \tag{2-21}$$

$$f(t)\cdot g(t)\xleftrightarrow{\mathrm{CFT}}\frac{1}{2\pi}F(\mathrm{j}\Omega)*G(\mathrm{j}\Omega) \tag{2-22}$$

（3）对称性

若 $f(t)\xleftrightarrow{\mathrm{CFT}}F(\mathrm{j}\Omega)$，则

$$F(\mathrm{j}t)\xleftrightarrow{\mathrm{CFT}}2\pi f(-\Omega) \tag{2-23}$$

（4）帕斯瓦尔定理：

若 $f(t)\xleftrightarrow{\mathrm{CFT}}F(\mathrm{j}\Omega)$， $g(t)\xleftrightarrow{\mathrm{CFT}}G(\mathrm{j}\Omega)$，则

$$\int_{-\infty}^{+\infty}f^{*}(t)g(t)\mathrm{d}t=\frac{1}{2\pi}\int_{-\infty}^{+\infty}F^{*}(\mathrm{j}\Omega)G(\mathrm{j}\Omega)\mathrm{d}\Omega \tag{2-24}$$

（5）能量定理

$$\int_{-\infty}^{+\infty}|f(t)|^{2}\,\mathrm{d}t=\frac{1}{2\pi}\int_{-\infty}^{+\infty}|F(\mathrm{j}\Omega)|^{2}\mathrm{d}\Omega \tag{2-25}$$

例：

$$\delta(t)\xleftrightarrow{\mathrm{CFT}}1$$

$$\delta(t-\tau)\xleftrightarrow{\mathrm{CFT}}\mathrm{e}^{-\mathrm{j}\Omega\tau}$$

$$\frac{1}{2\pi}\mathrm{e}^{\mathrm{j}St}\xleftrightarrow{\mathrm{CFT}}\delta(\Omega-S)$$

$$\sum_{m=-\infty}^{+\infty}\delta(t-m\tau)\xleftrightarrow{\text{CFT}}\sum_{m=-\infty}^{+\infty}\mathrm{e}^{-\mathrm{j}\Omega m\tau}$$

$$\frac{1}{2\pi}\sum_{-\infty}^{+\infty}\mathrm{e}^{\mathrm{j}mSt}\xleftrightarrow{\text{CFT}}\sum_{m=-\infty}^{+\infty}\delta(\Omega-mS)$$

傅里叶原理表明：任何连续测量的时序或信号，都可以表示为不同频率的正弦波信号的无限叠加。而根据该原理创立的傅里叶变换算法利用直接测量到的原始信号，以累加方式来计算该信号中不同正弦波信号的频率、振幅和相位。同傅里叶变换算法对应的是反傅里叶变换算法，该反变换从本质上说也是一种累加处理，这样就可以将单独改变的正弦波信号转换成一个信号。因此，可以说，傅里叶变换将原来难以处理的时域信号转换成了易于分析的频域信号（信号的频谱），可以利用一些工具对这些频域信号进行处理、加工。最后还可以利用傅里叶反变换将这些频域信号转换成时域信号。从现代数学的眼光来看，傅里叶变换是一种特殊的积分变换。它能将满足一定条件的某个函数表示成正弦基函数的线性组合或者积分。在不同的研究领域，傅里叶变换具有多种不同的变体形式，如连续傅里叶变换和离散傅里叶变换。

## 2.3 离散周期信号的傅里叶变换级数

在信号分析中，连续时间信号可以通过连续时间的傅里叶变换来完成从时域到频域的变换，从而拓宽了分析连续时间信号的途径。与连续时间系统的分析类似，在离散时间系统中，也可以采用离散傅里叶变换，将时间域信号转换到频率域进行分析，这样，不但可以得到离散时间信号的频谱，而且也可以使离散时间信号的分析方法更具有多元化。

设 $\tilde{f}(n)$ 是周期为 $N$ 的周期序列，即：$\tilde{f}(n)=\tilde{f}(n+lN)$，l 为任意整数。

周期序列不是绝对可和的，所以不能用 Z 变换表示，但可以用离散傅里叶级数来表示为：频率是周期序列 $\tilde{f}(n)$ 的基频 $2\pi/N$ 的整数倍的复指数序列之和。

复指数序列

$$e_k(n)=\mathrm{e}^{\mathrm{j}(2\pi/N)kn}=\mathrm{e}_{k+lN}(n)\quad k,l\text{ 为整数} \tag{2-26}$$

$$\tilde{f}(n)=\frac{1}{N}\sum_{k=0}^{N-1}\tilde{F}(k)\mathrm{e}^{\mathrm{j}\frac{2\pi}{N}kn} \tag{2-27}$$

其中，$\tilde{F}(k)$ 是 $k$ 次谐波的系数，其也是一个以 $N$ 为周期的周期序列

$$\tilde{F}(k+mN)=\sum_{n=0}^{N-1}\tilde{f}(n)\mathrm{e}^{-\mathrm{j}\frac{2\pi}{N}(k+mN)n}=\sum_{n=0}^{N-1}\tilde{f}(n)\mathrm{e}^{-\mathrm{j}\frac{2\pi}{N}kn}=\tilde{F}(k) \tag{2-28}$$

它使得时域上的周期离散函数 $\tilde{f}(n)$ 与频域上的连续函数 $\tilde{F}(k)$ 之间构成一个变换对，称为离散信号的傅里叶变换级数对，并通常表示为

$$\tilde{f}_N(n)\xleftrightarrow{\text{DFS}}\tilde{F}_N(k)\quad（\text{DFS：Discrete Fourier Series}）$$

系数 $\tilde{F}(k)$ 的求解：

$$\frac{1}{N}\sum_{n=0}^{N-1}\mathrm{e}^{\mathrm{j}\frac{2\pi}{N}nl}=\frac{1}{N}\frac{1-\mathrm{e}^{\mathrm{j}\frac{2\pi}{N}N\cdot l}}{1-\mathrm{e}^{\mathrm{j}\frac{2\pi}{N}r}}=\begin{cases}1 & l=mN,m\text{为整数}\\ 0 & \text{其他}l\end{cases} \tag{2-29}$$

$\tilde{x}(n)$ 乘以 $\mathrm{e}^{-\mathrm{j}\frac{2\pi}{N}\ln}$，然后从 $n$=0 到 $N$–1 的一个周期内求和，得

$$\sum_{n=0}^{N-1}\tilde{f}(n)\mathrm{e}^{-\mathrm{j}\frac{2\pi}{N}nl}=\frac{1}{N}\sum_{n=0}^{N-1}\sum_{k=0}^{N-1}\tilde{F}(k)\mathrm{e}^{\mathrm{j}\frac{2\pi}{N}(k-l)n}=\sum_{k=0}^{N-1}\tilde{F}(k)\left[\frac{1}{N}\sum_{n=0}^{N-1}\mathrm{e}^{\mathrm{j}\frac{2\pi}{N}(k-l)n}\right]=\tilde{F}(l) \tag{2-30}$$

其中，$k-l=mN$，把 1 换成 $k$ 可得

$$\tilde{F}(k)=\sum_{n=0}^{N-1}\tilde{f}(n)\mathrm{e}^{-\mathrm{j}\frac{2\pi}{N}kn} \tag{2-31}$$

因此连续离散信号的傅里级数变换可以表示成：

正变换

$$\tilde{F}_N(k)=\frac{1}{N}\sum_{n=0}^{N-1}\tilde{f}_N(n)\mathrm{e}^{-\mathrm{j}\frac{2\pi}{N}kn} \tag{2-32}$$

反变换

$$\tilde{f}_N(n)=\sum_{n=0}^{N-1}\tilde{F}_N(k)\mathrm{e}^{\mathrm{j}\frac{2\pi}{N}kn} \tag{2-33}$$

在连续离散信号傅里叶级数变换的表示上还有一些列重要的性质和

定理，这些性质和定理有助于简化求取很多信号傅里叶变换的复杂性：

（1）移位性质

$$\tilde{f}_N(n-n_0)\xleftrightarrow{\text{DFS}}\tilde{F}_N(k)\mathrm{e}^{-\mathrm{j}\frac{2\pi}{N}n_0k}，\quad \tilde{f}_N(n)\mathrm{e}^{-\mathrm{j}\frac{2\pi}{N}nl}\xleftrightarrow{\text{DFS}}\tilde{F}_N(k-l) \tag{2-34}$$

（2）对称性质

$$\tilde{F}_N(-n)\xleftrightarrow{\text{DFS}}N\tilde{f}_N(k) \tag{2-35}$$

（3）卷积定理

$$\tilde{f}_N(n)\tilde{g}_N(n)\xleftrightarrow{\text{DFS}}\frac{1}{N}\tilde{F}_N(k)*\tilde{G}_N(k) \tag{2-36}$$

（4）帕斯瓦尔定理

若$\tilde{f}(n)\xleftrightarrow{\text{DFS}}\tilde{F}(N)$，$\tilde{g}(n)\xleftrightarrow{\text{DFS}}\tilde{G}(N)$，则

$$\tilde{f}(n)*\tilde{g}(n)=\sum_{m=0}^{N-1}\tilde{f}(n-m)\tilde{g}(m)\xleftrightarrow{\text{DFS}}\tilde{F}(k)\tilde{G}(k) \tag{2-37}$$

（5）能量定理

$$\sum_{n=0}^{N-1}\left|\tilde{f}_N(n)\right|^2=\frac{1}{N}\sum_{n=0}^{N-1}\left|\tilde{F}_N(k)\right|^2 \tag{2-38}$$

## 2.4　离散信号的傅里叶变换

由于数字信号处理是希望在计算机上实现各种运算和变换，其所涉及的变量和运算都是离散的，而前面三种傅里叶变换对中，时域或频域中至少有一个域是连续的，所以都不可以在计算机上进行运算和实现，因此对于数字信号处理，应该找到在时域和频域都是离散的傅里叶变换，即离散傅里叶变换。离散时间序列傅里叶变换存在的条件：离散时间序列$f(n)$的傅里叶变换存在且连续的条件为$f(n)$满足绝对可和，即

$$\sum_{n=-\infty}^{\infty}|x(n)|<\infty \tag{2-39}$$

反正，序列的傅里叶变换存在且连续，则序列一定是绝对可和的。一个离散时间非周期信号与其频谱之间的关系，可用序列的傅里叶变换

来表示。若设离散时间非周期信号为序列 $f(n)$，则序列 $f(n)$ 的傅里叶变换（DTF）为

正变换

$$F(\mathrm{j}\omega)=\sum_{n=-\infty}^{+\infty} f(n)\mathrm{e}^{-\mathrm{j}n\omega} \tag{2-40}$$

反变换

$$f(n)=\frac{1}{2\pi}\int_{-\pi}^{\pi} F(j\omega)\mathrm{e}^{\mathrm{j}\omega n}\mathrm{d}\omega \tag{2-41}$$

记为：$f(n)\xleftrightarrow{\text{DFT}}F(\mathrm{j}\omega)$（DFT：Discrete Fourier Transformation）

离散非周期信号的傅里叶变换表示上还有一些列重要的性质和定理，这些性质和定理有助于简化求取很多信号傅里叶变换的复杂性：

（1）移位性质

$$f(n-m)\xleftrightarrow{\text{DFT}}F(\mathrm{j}\omega)\mathrm{e}^{-\mathrm{j}\omega m},\ f(n)\mathrm{e}^{-\mathrm{j}n\Omega_s}\xleftrightarrow{\text{DFT}}F(\mathrm{j}\omega-\mathrm{j}\Omega_s) \tag{2-42}$$

（2）卷积定理

$$若\begin{cases} f(n)\xleftrightarrow{\text{DFT}}F(\mathrm{j}\omega) \\ g(n)\xleftrightarrow{\text{DFT}}G(\mathrm{j}\omega) \end{cases}$$

则

$$f(n)*g(n)=\sum_{m=-\infty}^{+\infty} f(n-m)g(m)\xleftrightarrow{\text{DFT}}F(\mathrm{j}\omega)G(\mathrm{j}\omega) \tag{2-43}$$

$$f(n)g(n)\xleftrightarrow{\text{DFT}}\frac{1}{2\pi}\int_{-\pi}^{\pi} F(\mathrm{j}\omega-\mathrm{j}s)G(\mathrm{j}s)\mathrm{d}s=\frac{1}{2\pi}F(\mathrm{j}\omega)*G(\mathrm{j}\omega) \tag{2-44}$$

（3）帕斯瓦尔定理

$$\sum_{n=-\infty}^{+\infty} f^*(n)g(n)\xleftrightarrow{\text{DFT}}\frac{1}{2\pi}\int_{-\pi}^{\pi} F^*(\mathrm{j}\omega)G(\mathrm{j}\omega)\mathrm{d}\omega \tag{2-45}$$

（4）能量定理

$$\sum_{n=-\infty}^{+\infty} \left|f(n)\right|^2\xleftrightarrow{\text{DFT}}\frac{1}{2\pi}\int_{-\pi}^{\pi} \left|F(\mathrm{j}\omega)\right|^2\mathrm{d}\omega \tag{2-46}$$

从前面的分析我们知道：时域的周期性导致频域的离散性，时域的

连续函数在频域形成非周期频谱；而时域的离散性造成频域的周期延拓，时域的非周期性对应于频域的连续函数形式。那么对于时域和频域都是离散的离散傅里叶变换，应该形成时域和频域都具有周期性的函数。那么对于离散信号的傅里叶变换在应用中需要注意的问题有：

（1）时域和频域混叠

根据采样定理，只有当采样频率大于信号最高频率的两倍时，才能避免频域混叠。实际信号的持续时间是有限的，因而从理论上来说，其频谱宽度是无限的，无论多大的采样频率也不能满足采样定理。但是超过一定范围的高频分量对信号已没有多大的影响，因而在工程上总是对信号先进性低通滤波。

（2）截断效应

在实际中遇到的序列，其长度往往是有限长，甚至是无限长，用 DFT 对其进行谱分析时，必须将其截断为长度为 $N$ 的有限长序列，根据频率卷积定理，$|\omega|<2\pi/N$ 叫作主瓣，其余部分叫作旁瓣。

（3）频谱泄露

由于原序列的频谱是离散谱线，经截断后使每根谱线都带上一个辛格谱，就好像使谱线向两边眼神，通常将这种是遇上的截断导致频谱展宽成为泄露，泄露使得频谱变得模糊，分辨率降低。

（4）谱间干扰

因截断使主谱线两边形成许多旁瓣，引起不同分量间的干扰，成为谱间干扰，这不仅影响频谱分辨率，严重时强信号的旁瓣可能湮灭弱信号的主谱线。截断效应是无法完全消除的，只能根据要求折中选择有关参量。

（5）栅栏效应

$N$ 点 DFT 是在频率区间$[0,2\pi]$上对信号的频谱进行 $N$ 点等间隔采样，得到的是若干个离散点，且它们之限制为基频的整数倍，这部好像在栅栏的一边通过缝隙看另一边的景象，只能在离散点的地方看到真实的景象，其余部分频谱成分被遮拦，所以称为栅栏效应。减小栅栏效应，可以在时域数据末端增加一些零值点，是一个周期内的点数增加。

（6）信号长度的选择

在时域内对信号长度的选择会影响 DFT 运算的正确性。实际的信号往往是随机的，没有确定的周期，因此在实际中，应经可能估计出几个典型的、带有一定周期性的信号区域进行频谱分析，然后再取其平均值，从而得到合理的结果。

# 2.5 各种变换之间的关系

## 2.5.1 傅里叶变换与傅里叶级数变换

傅里叶变换与傅里叶级数变换的关系可以理解为将非周期的模拟信号变为周期数字信号的过程：假定 $f(t)$ 为一个非周期的模拟信号，且 $f(t)\xleftrightarrow{\text{CFT}}F(\text{j}\omega)$ 以 $T$ 为周期将 $f(t)$ 周期化，其数学过程为

$$\tilde{f}_T(t)=f(t)*\sum_{m=-\infty}^{+\infty}\delta(t-mT)=\sum_{m=-\infty}^{+\infty}f(t-mT) \tag{2-47}$$

根据卷积定理，有

$$\begin{aligned}\tilde{f}_T(t)=f(t)*\tilde{\delta}_T(t)&\xleftrightarrow{\text{CFT}}F(\text{j}\Omega)\cdot\left|\frac{2\pi}{T}\sum_{m=-\infty}^{+\infty}\delta\left(\Omega-\frac{2\pi}{T}m\right)\right|\\&=\frac{2\pi}{T}\cdot\sum_{m=-\infty}^{+\infty}F\left(\text{j}\frac{2\pi}{T}m\right)\delta\left(\Omega-\frac{2\pi}{T}m\right)\end{aligned} \tag{2-48}$$

其中

$$\tilde{\delta}(t)\xleftrightarrow{\text{CFT}}\frac{2\pi}{T}\sum_{m=-\infty}^{+\infty}\delta\left(\Omega-\frac{2\pi}{T}m\right) \tag{2-49}$$

$$\frac{2\pi}{T}\cdot\sum_{m=-\infty}^{+\infty}F\left(\text{j}\frac{2\pi}{T}m\right)\delta\left(\Omega-\frac{2\pi}{T}m\right)\xleftrightarrow{\text{ICFT}}\frac{1}{T}\sum_{m=-\infty}^{+\infty}F\left(\text{j}\frac{2\pi}{T}m\right)\text{e}^{\text{j}\frac{2\pi}{T}mt} \tag{2-50}$$

有

$$\tilde{f}_T(t)=\frac{1}{T}\sum_{m=-\infty}^{+\infty}F\left(\text{j}\frac{2\pi}{T}m\right)\text{e}^{\text{j}\frac{2\pi}{T}mt} \tag{2-51}$$

有

$$\tilde{f}_T(t) \xleftrightarrow{\text{FST}} \frac{1}{T}F\left(\mathrm{j}\frac{2\pi}{T}m\right) \tag{2-52}$$

傅里叶变换与傅里叶级数变换的关系可由图 2-2 表示：

傅里叶级数对应的是周期信号，而傅里叶变换对应的是非周期信号，前者要求信号在一个周期内的能量是有限的，而后者要求信号在整个时间区间内的能量是有限的。此外，傅里叶级数的系数是离散的，而傅里叶变换频域是连续函数。由此可见，傅里叶级数系数代表周期信号的谐波幅度大小，而傅里叶变换频域是频谱密度的概念。

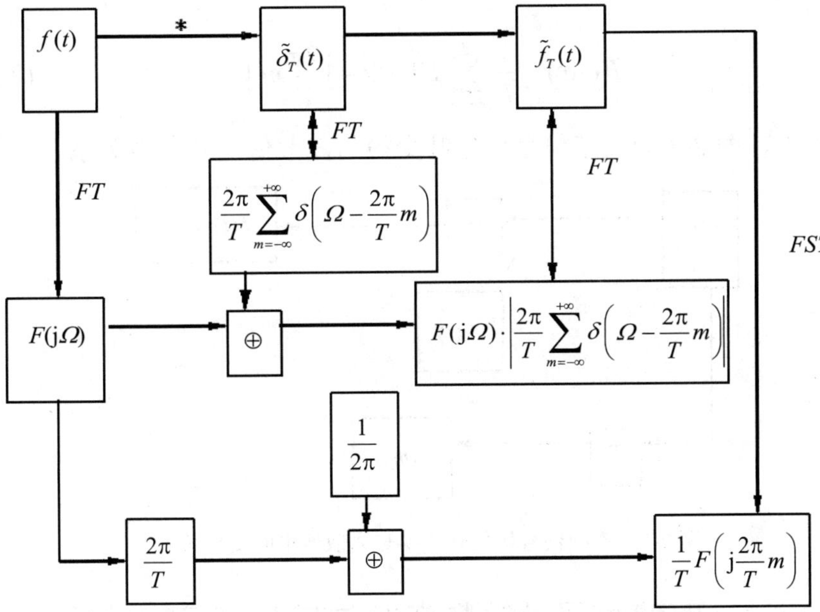


图 2-2 连续信号傅里叶变换与傅里叶级数变换关系

## 2.5.2 傅里叶变换与离散傅里叶变换

由于离散傅里叶变换可以表示为

$$f(t)\cdot\tilde{\delta}_T(t)=\sum_{m=-\infty}^{\infty}f(t)\cdot\delta(t-mT)=\sum_{m=-\infty}^{+\infty}f(mT)\cdot\delta(t-mT)$$

$$\xleftrightarrow{\text{CFT}}\frac{1}{2\pi}F(\mathrm{j}\Omega)*\left|\frac{2\pi}{T}\tilde{\delta}_{\frac{2\pi}{T}}(\Omega)\right|=\frac{1}{T}\sum_{m=-\infty}^{+\infty}F\left(\mathrm{j}\Omega-\mathrm{j}\frac{2\pi}{T}m\right) \tag{2-53}$$

直接做 $f(t)\cdot\tilde{\delta}_T(t)$ 的傅里叶变换得

$$\begin{aligned}&\int_{-\infty}^{+\infty}\sum_{m=-\infty}^{+\infty}f(mT)\cdot\delta(t-mT)\mathrm{e}^{-\mathrm{j}\Omega t}\mathrm{d}t\\&=\sum_{m=-\infty}^{+\infty}f(mT)\mathrm{e}^{-\mathrm{j}\Omega mT}\\&=\sum_{m=-\infty}^{+\infty}f(m)\mathrm{e}^{-\mathrm{j}mT}\\&=F(\mathrm{j}\omega)\end{aligned}\tag{2-54}$$

有

$$F(\mathrm{j}\omega)=\frac{1}{T}\sum_{m=-\infty}^{+\infty}F\left(\mathrm{j}\Omega-\mathrm{j}\frac{2\pi}{T}m\right)\tag{2-55}$$

综上，图 2-3 为连续信号傅里叶变换与离散傅里叶变换关系。

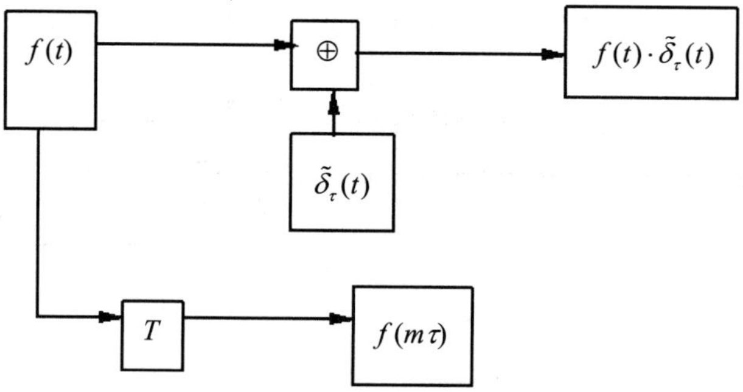


图 2-3　连续信号傅里叶变换与离散傅里叶变换关系

### 2.5.3　离散傅里叶级数变换与其他变换的关系

离散傅里叶变换可以看成是首先将一个模拟信号周期化，然后再将该周期信号离散化，如图 2-4 所示关系。

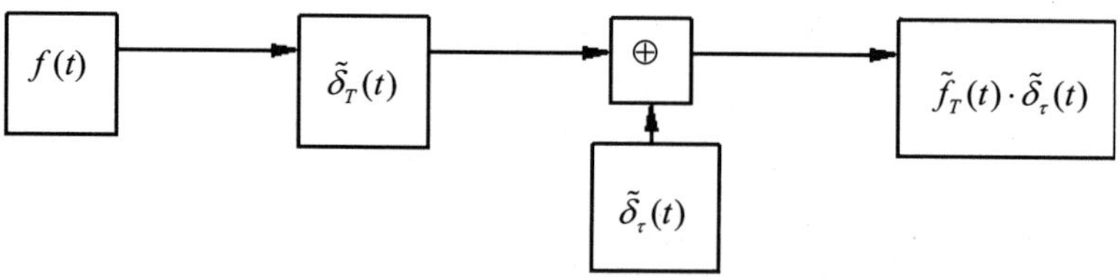


图 2-4　离散傅里叶级数变换与其他变换的关系

假定 $N = t/\tau$ 为正整数

由定义来求

$$\begin{aligned}
\tilde{f}_T(t)\tilde{\delta}_\tau(t) &= \left[\sum_{m=-\infty}^{+\infty} f(t-mT)\right]\left[\sum_{n=-\infty}^{+\infty} \delta(t-n\tau)\right] \\
&= \sum_{m=-\infty}^{+\infty}\sum_{n=-\infty}^{+\infty} f(n\tau-mT)\delta(t-n\tau) \\
&= \sum_{m=-\infty}^{+\infty}\sum_{n=-\infty}^{+\infty} f(n\tau-mN\tau)\delta(t-n\tau) \\
&= \sum_{n=-\infty}^{+\infty} \tilde{f}_N(n\tau)\delta(t-n\tau)
\end{aligned} \tag{2-56}$$

其中 $\sum_{m=-\infty}^{+\infty} f(n\tau - mN\tau) = \tilde{f}_N(n\tau)$

设：$n = k + Nl$； $k = 1,2,\cdots,N-1$； $l \in Z$

则

$$\begin{aligned}
\tilde{f}_T(t)\tilde{\delta}_\tau(t) &= \sum_{k=0}^{N-1}\sum_{l=-\infty}^{+\infty} \tilde{f}_N[(k+Nl)\tau]\delta[t-(k+Nl)\tau] \\
&= \sum_{k=0}^{N-1} \tilde{f}_N(k)\sum_{l=-\infty}^{+\infty} \delta(t-k\tau-Nl\tau) \\
&= \sum_{k=0}^{N-1} \tilde{f}_N(k\tau)\tilde{\delta}_T(t-k\tau)
\end{aligned} \tag{2-57}$$

$$\sum_{k=0}^{N-1} \tilde{f}_N(k\tau)\tilde{\delta}_T(t-k\tau) \xleftrightarrow{\text{CFT}} \int_{-\infty}^{+\infty}\sum_{k=0}^{N-1} \tilde{f}_N(k\tau)\tilde{\delta}_T(t-k\tau)\mathrm{e}^{-\mathrm{j}\Omega t}\mathrm{d}t \tag{2-58}$$

$$\begin{aligned}
&\int_{-\infty}^{+\infty}\sum_{k=0}^{N-1} \tilde{f}_N(k\tau)\tilde{\delta}_T(t-k\tau)\mathrm{e}^{-\mathrm{j}\Omega t}\mathrm{d}t \\
&= \sum_{k=0}^{N-1} \tilde{f}_N(k\tau)\int_{-\infty}^{+\infty} \tilde{\delta}_T(\Omega-k\tau)\mathrm{e}^{-\mathrm{j}\Omega t}\mathrm{d}t \\
&= \sum_{k=0}^{N-1} \tilde{f}_N(k\tau)\frac{2\pi}{T}\tilde{\delta}_T(\Omega-k\tau)\mathrm{e}^{-\mathrm{j}\Omega k\tau} \\
&= \frac{2\pi}{T}\sum_{k=0}^{N-1} \tilde{f}_N(k\tau)\sum_{s=-\infty}^{+\infty} \mathrm{e}^{-\mathrm{j}\frac{2\pi}{T}ks}\delta(\Omega-\frac{2\pi}{T}s)
\end{aligned} \tag{2-59}$$

设 $s = n + Nm$； $n = 1,2,\cdots,N-1$； $m \in Z$

$$
\begin{aligned}
&\frac{2\pi}{T}\sum_{k=0}^{N-1}\tilde{f}_N(k\tau)\sum_{s=-\infty}^{+\infty}\mathrm{e}^{-\mathrm{j}\frac{2\pi}{T}ks}\delta\left(\Omega-\frac{2\pi}{T}s\right)\\
&=\frac{2\pi}{T}\sum_{k=0}^{N-1}\tilde{f}_N(k\tau)\sum_{n=0}^{N-1}\sum_{m=-\infty}^{+\infty}\mathrm{e}^{-\mathrm{j}\frac{2\pi}{N}(n+Nm)l}\delta\left(\Omega-\frac{2\pi}{T}n-\frac{2\pi}{T}Nm\right)\\
&=\frac{2\pi}{T}\sum_{k=0}^{N-1}\tilde{f}_N(k\tau)\sum_{n=0}^{N-1}\mathrm{e}^{-\mathrm{j}\frac{2\pi}{N}kn}\sum_{m=-\infty}^{+\infty}\delta\left(\Omega-\frac{2\pi}{T}n-\frac{2\pi}{T}Nm\right)\\
&=\frac{2\pi}{T}\sum_{n=0}^{N-1}\left[\sum_{k=0}^{N-1}\tilde{f}_N(k\tau)\mathrm{e}^{-\mathrm{j}\frac{2\pi}{N}kn}\right]\tilde{\delta}\left(\Omega-\frac{2\pi}{T}n\right)
\end{aligned}
\tag{2-59}
$$

又由卷积法直接做傅里叶变换：

因为

$$
\begin{aligned}
\tilde{f}_T(t)=f(t)*\tilde{\delta}_T(t)&\xleftrightarrow{\text{CFT}}F(\mathrm{j}\Omega)\cdot\left[\frac{2\pi}{T}\sum_{m=-\infty}^{+\infty}\delta\left(\Omega-\frac{2\pi}{T}m\right)\right]\\
&=\frac{2\pi}{T}\sum_{m=-\infty}^{+\infty}F\left(\mathrm{j}\frac{2\pi}{T}m\right)\delta\left(\Omega-\frac{2\pi}{T}m\right)
\end{aligned}
$$

$$
\begin{aligned}
\tilde{f}_T(t)*\tilde{\delta}_T(t)&\xleftrightarrow{\text{CFT}}\frac{2\pi}{\tau T}\sum_{m=-\infty}^{+\infty}\sum_{n=-\infty}^{+\infty}F(\mathrm{j}\Omega)\delta\left(\Omega-\frac{2\pi}{T}m\right)*\delta\left(\Omega-\frac{2\pi}{\tau}n\right)\\
&=\frac{2\pi}{\tau T}\sum_{m=-\infty}^{+\infty}\sum_{n=-\infty}^{+\infty}F\left(\mathrm{j}\frac{2\pi}{T}m\right)\delta\left(\Omega-\frac{2\pi}{T}m-\frac{2\pi}{\tau}n\right)\\
&=\frac{2\pi}{\tau T}\sum_{n=-\infty}^{+\infty}F\left(\mathrm{j}\frac{2\pi}{T}m\right)\tilde{\delta}_{\frac{2\pi}{T}}\left(\Omega-\frac{2\pi}{T}m\right)
\end{aligned}
\tag{2-60}
$$

设 $m=n+Nl$； $n=1,2,\cdots,N-1$； $l\in\mathbf{Z}$

$$
\begin{aligned}
&=\frac{2\pi}{\tau T}\sum_{n=0}^{N-1}\sum_{l=-\infty}^{+\infty}F\left(\frac{2\pi}{T}(n+lN)\right)\tilde{\delta}_{\frac{2\pi}{T}}\left(\Omega-\frac{2\pi}{T}(n+lN)\right)\\
&=\frac{2\pi}{\tau T}\sum_{n=-\infty}^{N-1}\tilde{F}_N\left(\mathrm{j}\frac{2\pi}{T}n\right)\tilde{\delta}_{\frac{2\pi}{T}}\left(\Omega-\frac{2\pi}{T}n\right)
\end{aligned}
\tag{2-61}
$$

由式(2-59)、式(2-61)两式对比得

$$
\sum_{k=0}^{N-1}\tilde{f}_N(k\tau)\mathrm{e}^{-\mathrm{j}\frac{2\pi}{N}nk}=\frac{1}{\tau}\tilde{F}_N\left(\frac{2\pi}{T}n\right)
\tag{2-62}
$$

$$
\tilde{f}_N(k\tau)\xleftrightarrow{\text{DFS}}\frac{1}{\tau}\tilde{F}_N\left(\frac{2\pi}{T}n\right)
\tag{2-63}
$$

## 2.6 从傅里叶变换到离散傅里叶级数变换

设 $f(t)$ 为一周期模拟信号，且 $f(t)\xleftrightarrow{\text{CFT}}F(\mathrm{j}\Omega)$

$$\tilde{\delta}_\tau \tau(t)=\sum_{m=-\infty}^{+\infty}\delta(t-m\tau)\xleftrightarrow{\text{CFT}}\frac{2\pi}{\tau}\sum_{n=-\infty}^{+\infty}\delta\left(\Omega-k\frac{2\pi}{\tau}\right) \tag{2-64}$$

（1）对 $f(t)$ 进行采样

$$f(t)\longrightarrow f^*(nT)$$

数学原理：

时域

$$f(t)\tilde{\delta}_\tau=\sum_{m=-\infty}^{+\infty}f(m\tau)\delta(t-m\tau) \tag{2-65}$$

频域

$$\begin{aligned}f(t)\tilde{\delta}_\tau &\xleftrightarrow{\text{CFT}}\frac{1}{2\pi}F(\mathrm{j}\Omega)*\left\{2\pi\sum_{n=-\infty}^{+\infty}\delta\left(\Omega-k\frac{2\pi}{\tau}\right)\right\}\\ &=\frac{1}{\tau}\sum_{k=-\infty}^{+\infty}F\left(\mathrm{j}\Omega-\mathrm{j}k\frac{2\pi}{\tau}\right) \qquad \text{（possin 公式）}\\ &=\sum_{m=-\infty}^{+\infty}f(m\tau)\mathrm{e}^{-\mathrm{j}m\Omega}\end{aligned} \tag{2-66}$$

（2）将 $f(t)\tilde{\delta}_\tau$ 以 $T$ 为周期作周期化

$$[f(t)\tilde{\delta}_\tau]*\tilde{\delta}_T(t)=\sum_{m=-\infty}^{+\infty}f(m\tau)\tilde{\delta}_T(t-m\tau)$$

$$\begin{aligned}&\xleftrightarrow{\text{CFT}}\left[\frac{1}{\tau}\sum_{k=-\infty}^{+\infty}F\left(\mathrm{j}\Omega-\mathrm{j}k\frac{2\pi}{\tau}\right)\right]\left[\frac{2\pi}{T}\sum_{l=-\infty}^{+\infty}\delta\left(\Omega-\frac{2\pi}{T}l\right)\right]\\ &=\frac{2\pi}{\tau T}\sum_{k=-\infty}^{+\infty}\sum_{l=-\infty}^{+\infty}F\left(\mathrm{j}\frac{2\pi}{T}l-\mathrm{j}\frac{2\pi}{\tau}k\right)\delta\left(\Omega-\frac{2\pi}{T}l\right)\end{aligned} \tag{2-67}$$

（3）简化时域表达式

假设 $T/\tau=N$ 为整数。

令 $m=n+Nq$ （其中 $n=0,1,\cdots,N-1$； $q\in\mathbf{Z}$）

这时可将$[f(t)\tilde{\delta}_\tau]*\tilde{\delta}_T(t)$表示为

$$
\begin{aligned}
&\sum_{n=0}^{N-1}\sum_{q=-\infty}^{+\infty} f(n\tau+Nq\tau)\tilde{\delta}_T(t-n\tau-Nq\tau)\\
&=\sum_{n=0}^{N-1}\sum_{q=-\infty}^{+\infty} f(n\tau+Nq\tau)\tilde{\delta}_T(t-n\tau-qT)\\
&=\sum_{n=0}^{N-1}\left[\sum_{q=-\infty}^{+\infty} f(n\tau+Nq\tau)\right]\tilde{\delta}_T(t-n\tau)\\
&=\sum_{n=0}^{N-1}\tilde{f}_N(n\tau)\tilde{\delta}_T(t-n\tau)
\end{aligned}
\tag{2-68}
$$

（4）简化频域表达式

$$
\begin{aligned}
\text{原式}=\ &\frac{2\pi}{\tau T}\sum_{l=-\infty}^{+\infty}\sum_{k=-\infty}^{+\infty}\left[F\left(\mathrm{j}\frac{2\pi}{T}l-\mathrm{j}\frac{2\pi}{\tau}k\right)\right]\delta\left(\Omega-\frac{2\pi}{T}l\right)\\
&=\frac{2\pi}{\tau T}\sum_{l=-\infty}^{+\infty}\left[\sum_{k=-\infty}^{+\infty}F\left(j\frac{2\pi}{T}l-j\frac{2\pi}{N\tau}Nk\right)\right]\delta\left(\Omega-\frac{2\pi}{T}l\right)\\
&=\frac{2\pi}{\tau T}\sum_{l=-\infty}^{+\infty}\left[\sum_{k=-\infty}^{+\infty}F\left(j\frac{2\pi}{T}l-j\frac{2\pi}{T}Nk\right)\right]\delta\left(\Omega-\frac{2\pi}{T}l\right)\\
&=\frac{2\pi}{\tau T}\sum_{l=-\infty}^{+\infty}\tilde{F}_N\left(j\frac{2\pi}{T}l\right)\delta\left(\Omega-\frac{2\pi}{T}l\right)
\end{aligned}
\tag{2-69}
$$

令$l=k+Nq$（其中$k=0,1,\cdots,N-1$；$q\in\mathbf{Z}$）

这时可以将$\frac{2\pi}{\tau T}\sum_{l=-\infty}^{+\infty}\tilde{F}_N\left(\mathrm{j}\frac{2\pi}{T}l\right)\delta\left(\Omega-\frac{2\pi}{T}l\right)$表示为

$$
\begin{aligned}
&\frac{2\pi}{\tau T}\sum_{l=-\infty}^{+\infty}\tilde{F}_N\left(\mathrm{j}\frac{2\pi}{T}l\right)\delta\left(\Omega-\frac{2\pi}{T}l\right)\\
&=\frac{2\pi}{\tau T}\sum_{k=0}^{N-1}\sum_{p=-\infty}^{+\infty}\tilde{F}_N\left(\mathrm{j}\frac{2\pi}{T}k+j\frac{2\pi}{T}Np\right)\delta\left(\Omega-\frac{2\pi}{T}k-N\frac{2\pi}{T}p\right)\\
&=\frac{2\pi}{\tau T}\sum_{k=0}^{N-1}\tilde{F}_N\left(\mathrm{j}\frac{2\pi}{T}k\right)\sum_{p=-\infty}^{+\infty}\delta\left(\Omega-\frac{2\pi}{T}k-N\frac{2\pi}{T}p\right)\\
&=\frac{2\pi}{\tau T}\sum_{k=0}^{N-1}\tilde{F}_N\left(\mathrm{j}\frac{2\pi}{T}k\right)\tilde{\delta}_{\frac{2\pi}{\tau}}\left(\Omega-\frac{2\pi}{T}k\right)
\end{aligned}
\tag{2-70}
$$

（5）$\tilde{f}_N(n\tau)$ 与 $\tilde{F}_N\left(\mathrm{j}\dfrac{2\pi}{T}k\right)$ 之间的关系

做 $\sum\limits_{n=0}^{N-1}\tilde{f}_N(n\tau)\tilde{\delta}_T(t-n\tau)$ 的傅里叶变换可得

$$\begin{aligned}&\sum_{n=0}^{N-1}\tilde{f}_N(n\tau)\left[\frac{2\pi}{T}\sum_{m=-\infty}^{+\infty}\delta\left(\Omega-\frac{2\pi}{T}m\right)\mathrm{e}^{-\mathrm{j}n\tau\Omega}\right]\\&=\frac{2\pi}{T}\sum_{n=0}^{N-1}\tilde{f}_N(n\tau)\sum_{m=-\infty}^{+\infty}\delta\left(\Omega-\frac{2\pi}{T}m\right)\mathrm{e}^{-\mathrm{j}\frac{2\pi}{T}n\tau\Omega}\\&=\frac{2\pi}{T}\sum_{n=0}^{N-1}\tilde{f}_N(n\tau)\sum_{m=-\infty}^{+\infty}\delta\left(\Omega-\frac{2\pi}{T}m\right)\mathrm{e}^{-\mathrm{j}\frac{2\pi}{N}nm}\end{aligned}\tag{2-71}$$

令 $m=\lambda+N\gamma$（其中 $\lambda=0,1,\cdots,N-1$； $\gamma\in\mathbf{Z}$），则

$$\frac{2\pi}{T}\sum_{n=0}^{N-1}\tilde{f}_N(n\tau)\sum_{\lambda=0}^{N-1}\sum_{\gamma=-\infty}^{+\infty}\delta\left(\Omega-\frac{2\pi}{T}\lambda-\frac{2\pi}{T}N\gamma\right)\mathrm{e}^{-\mathrm{j}\frac{2\pi}{N}n(\lambda+N\gamma)}$$

$$\begin{aligned}\text{上式}&=\frac{2\pi}{T}\sum_{n=0}^{N-1}\tilde{f}_N(n\tau)\sum_{\lambda=0}^{N-1}\sum_{\gamma=-\infty}^{+\infty}\delta\left(\Omega-\frac{2\pi}{T}\lambda-\frac{2\pi}{\tau}\gamma\right)\mathrm{e}^{-\mathrm{j}\frac{2\pi}{N}n\lambda}\\&=\frac{2\pi}{T}\sum_{\lambda=0}^{N-1}\sum_{n=0}^{N-1}\tilde{f}_N(n\tau)\tilde{\delta}_{\frac{2\pi}{\tau}}\left(\Omega-\frac{2\pi}{T}\lambda\right)\mathrm{e}^{-\mathrm{j}\frac{2\pi}{N}n\lambda}\end{aligned}\tag{2-72}$$

对比(2-70)式和(2-72)式可得

$$\sum_{n=0}^{N-1}\tilde{f}_N(n\tau)\mathrm{e}^{-\mathrm{j}\frac{2\pi}{N}nk}=\frac{1}{\tau}\tilde{F}_N\left(\mathrm{j}\frac{2\pi}{T}k\right)\tag{2-73}$$

所以

$$\sum_{n=0}^{N-1}\tilde{f}_N(n\tau)\tilde{\delta}_T(t-n\tau)\xleftrightarrow{\text{DFS}}\frac{2\pi}{\tau T}\sum_{k=0}^{N-1}\tilde{F}_N\left(\mathrm{j}\frac{2\pi}{T}k\right)\tilde{\delta}_{\frac{2\pi}{\tau}}\left(\Omega-\frac{2\pi}{T}k\right)\tag{2-74}$$

同样做：$\dfrac{2\pi}{\tau T}\sum\limits_{k=0}^{N-1}\tilde{F}_N\left(\mathrm{j}\dfrac{2\pi}{T}k\right)\tilde{\delta}_{\frac{2\pi}{\tau}}\left(\Omega-\dfrac{2\pi}{T}k\right)$ 的傅里叶反变换可得

$$\begin{aligned}&\frac{2\pi}{\tau T}\sum_{k=0}^{N-1}\tilde{F}_N\left(\mathrm{j}\frac{2\pi}{T}k\right)\frac{\tau}{2\pi}\tilde{\delta}_\tau(t)\mathrm{e}^{\mathrm{j}\frac{2\pi}{T}kt}\\&=\frac{1}{T}\sum_{k=0}^{N-1}\tilde{F}_N\left(\mathrm{j}\frac{2\pi}{T}k\right)\sum_{m=-\infty}^{+\infty}\delta(t-m\tau)\mathrm{e}^{\mathrm{j}\frac{2\pi}{T}km\tau}\end{aligned}\tag{2-75}$$

令 $m=l+Nq$（其中 $l=0,1,\cdots,N-1$； $q\in\mathbf{Z}$）则

$$
\text{上式}=\begin{aligned}
&\frac{1}{T}\sum_{k=0}^{N-1}\tilde{F}_N\left(\mathrm{j}\frac{2\pi}{T}k\right)\sum_{l=0}^{N-1}\sum_{q=-\infty}^{+\infty}\delta(t-l\tau-Nq\tau)\mathrm{e}^{\mathrm{j}\frac{2\pi}{N}k(l+nq)}\\
&=\frac{1}{T}\sum_{k=0}^{N-1}\tilde{F}_N\left(\mathrm{j}\frac{2\pi}{T}k\right)\sum_{l=0}^{N-1}\tilde{\delta}_T(t-l\tau)\mathrm{e}^{\mathrm{j}\frac{2\pi}{N}kl}\\
&=\frac{1}{T}\sum_{k=0}^{N-1}\sum_{l=0}^{N-1}\tilde{F}_N\left(\mathrm{j}\frac{2\pi}{T}k\right)\tilde{\delta}_T(t-l\tau)\mathrm{e}^{\mathrm{j}\frac{2\pi}{N}kl}\\
&=\frac{1}{T}\sum_{l=0}^{N-1}\left[\sum_{k=0}^{N-1}\tilde{F}_N\left(\mathrm{j}\frac{2\pi}{T}k\right)\mathrm{e}^{\mathrm{j}\frac{2\pi}{N}kl}\right]\tilde{\delta}_T(t-l\tau)
\end{aligned}\tag{2-76}
$$

得

$$
\tilde{f}_N(n\tau)=\frac{1}{T}\sum_{k=0}^{N-1}\tilde{F}_N\left(\mathrm{j}\frac{2\pi}{T}k\right)\mathrm{e}^{\mathrm{j}\frac{2\pi}{N}kn}\tag{2-77}
$$

$$
\tilde{F}_N\left(\mathrm{j}\frac{2\pi}{T}k\right)=\frac{1}{N}\sum_{n=0}^{N-1}T\tilde{f}_N(n\tau)\mathrm{e}^{-\mathrm{j}\frac{2\pi}{N}kn}\tag{2-78}
$$

所以

$$
T\tilde{f}_N(n\tau)\xleftrightarrow{\text{DFS}}\tilde{F}_N\left(\mathrm{j}\frac{2\pi}{T}k\right)\tag{2-79}
$$

## 2.7 傅里叶变换的局限性

由于傅里叶变换的信号频域表示，揭示了时间函数和频谱函数之间的内在联系，在传统的平稳信号分析和处理中发挥了极其重要的作用，很多理论研究和应用研究都把傅里叶变换当作最基本的经典工具来使用。但是傅里叶变换存在着严重的缺点：用傅里叶变换的方法提取信号频谱时，需要利用信号的全部时域信息，这是一种整体变换，缺少时域定位功能。

不确定性原理（Uncertainty principle），又称“测不准原理”“不确定关系”，由德国物理学家海森堡（Werner Heisenberg）于 1927 年提出。

（1）信号的重心

$f(t)$ 的能量可以表示为

$$\int_{-\infty}^{+\infty}|f(t)|^2\,\mathrm{d}t \xleftrightarrow{\text{CFT}} \frac{1}{2\pi}\int_{-\infty}^{+\infty}|F(\mathrm{j}\Omega)|^2\,\mathrm{d}\Omega \tag{2-80}$$

利用数学均值的概念分别

取$\tau=\frac{1}{E_f}\int_{-\infty}^{+\infty}t|f(t)|^2\mathrm{d}t$和$\gamma=\frac{1}{2\pi E_f}\int_{-\infty}^{+\infty}\Omega|F(\mathrm{j}\Omega)|^2\mathrm{d}\Omega$，分别为信号在时域和频域的能量重心。

（2）信号能量分布的时间宽度和频率宽度

$$\sigma_t^2=\frac{1}{E_f}\int_{-\infty}^{+\infty}(t-\tau)^2|f(t)|^2\mathrm{d}t \tag{2-81}$$

$$\sigma_\Omega^2=\frac{1}{2\pi E_f}\int_{-\infty}^{+\infty}(\Omega-\gamma)^2|F(\mathrm{j}\Omega)|^2\mathrm{d}\Omega \tag{2-82}$$

测不准原理

$$\sigma_t^2\sigma_\Omega^2\geqslant\frac{1}{4} \tag{2-83}$$

证明：

$$\sigma_t^2=\frac{1}{E_f}\int_{-\infty}^{+\infty}t^2|f(t)|^2\mathrm{d}t$$

$$\sigma_\Omega^2=\frac{1}{2\pi E_f}\int_{-\infty}^{+\infty}\Omega^2|F(\mathrm{j}\Omega)|^2\mathrm{d}\Omega$$

$$\sigma_t^2\sigma_\Omega^2=\frac{1}{2\pi E_f^2}\int_{-\infty}^{+\infty}t^2|f(t)|^2\,\mathrm{d}t\int_{-\infty}^{+\infty}\Omega^2|F(\mathrm{j}\Omega)|^2\mathrm{d}\Omega$$

由于$f'(t)\xleftrightarrow{\text{CFT}}\mathrm{j}\Omega F(\mathrm{j}\Omega)$

上式可以表示为：

$$\sigma_t^2\sigma_\Omega^2=\frac{1}{E_f^2}\int_{-\infty}^{+\infty}t^2|f(t)|^2\,\mathrm{d}t\int_{-\infty}^{+\infty}|f'(t)|^2\,\mathrm{d}t\geqslant\frac{1}{E_f^2}\int_{-\infty}^{+\infty}t^2|f(t)f'(t)|^2\,\mathrm{d}t=\frac{1}{4} \tag{2-84}$$

（3）没有瞬时频谱信息

假定$f(t)$为带限信号，且它的傅里叶变换$F(\mathrm{j}\Omega)$为$F(\mathrm{j}\Omega)=0$，$\Omega\notin[c,d]$，$f(t)=\frac{1}{2\pi}\int_c^d F(\mathrm{j}\Omega)\mathrm{e}^{\mathrm{j}\Omega t}\mathrm{d}\Omega$。证明：如果时域$f(t)$具有瞬时频

谱信息，则 $f(t)$ 为不带限信号，即 $f(t)$ 不能在时域的某区间 $[a,b]$ 内为零。

证明：

$$F(\mathrm{j}\Omega)=\int_{-\infty}^{+\infty}f(t)\mathrm{e}^{-\mathrm{j}\Omega t}\mathrm{d}t$$

假定 $f(t)=0$， $t\notin[a,b]$，取 $t_0\notin[a,b]$ 则

$$f(t)=\frac{1}{2\pi}\int_c^d F(\mathrm{j}\Omega)\mathrm{e}^{\mathrm{j}\Omega t_0}\mathrm{d}\Omega=0$$

$$f^{(n)}(t)=\frac{1}{2\pi}\int_c^d F(\mathrm{j}\Omega)(\mathrm{j}\Omega)^n\mathrm{e}^{\mathrm{j}\Omega t_0}\mathrm{d}\Omega=0$$

$$\begin{aligned}f(t)&=\frac{1}{2\pi}\int_c^d F(\mathrm{j}\Omega)\mathrm{e}^{\mathrm{j}\Omega t}\mathrm{d}\Omega\\&=\frac{1}{2\pi}\int_c^d F(\mathrm{j}\Omega)\mathrm{e}^{\mathrm{j}\Omega(t-t_0)}\mathrm{e}^{\mathrm{j}\Omega t_0}\mathrm{d}\Omega\\&=\frac{1}{2\pi}\int_c^d F(\mathrm{j}\Omega)\sum_{n=0}^{\infty}\frac{[\mathrm{j}\Omega(t-t_0)]^2}{n!}\mathrm{e}^{\mathrm{j}\Omega t_0}\mathrm{d}\Omega\\&=\frac{1}{2\pi}\sum_{n=0}^{\infty}\frac{(t-t_0)^n}{n!}\int_c^d F(\mathrm{j}\Omega)(\mathrm{j}\Omega)^n\mathrm{e}^{\mathrm{j}\Omega t_0}\mathrm{d}\Omega\\&=0\end{aligned}$$

由此得到 $f(t)=0$，这表明 $f(t)=0$， $t\notin[a,b]$ 的假定是不正确的，时域 $f(t)$ 傅里叶变换后不具有瞬时频谱信息。

## 思考题与讨论题

1. 根据傅里叶变换性质，当将磁带慢录快放将产生什么样的声音效果？

2. 讨论周期为 $T$ 的矩形脉冲信号与它一个周期内的信号的傅里叶变换间的关系。根据时域采样定理说明采样过程中如何减小信号失真。

3. 试解释产生混叠效应、栅栏效应、频谱泄漏的原因是什么？

4. 试解释序列的傅里叶变换有什么特点，它与离散系统频率特性分析有什么关系？

5. 请简述什么叫带限信号和“频率混迭”？简述时域采样定理，并从物理概念上进行解释。

# 第3章　信号空间

在电子技术、通信工程、自动控制等领域，怎样描述和分析信号，抽取其特征，这对于信号处理是非常重要的。信号是一种将时间或空间定义域变换成值域的函数，其中定义域和值域都是信号的集合，我们把这些集合称为信号空间。信号处理的理论基础是高等代数中的线性空间变换问题。如果在线性空间里面定义了范数，就成了赋范线性空间。赋范线性空间满足完备性，就成了巴拿赫空间；赋范线性空间中定义角度，就有了内积空间，内积空间再满足完备性，就得到希尔伯特空间。本章主要阐述了这几种信号空间的定义及其特性，并研究了信号在这些空间中的线性表示。

## 3.1　问题的提出

人们知道，三维空间中的向量一般要用它在正交坐标系的三个分量来描述。但是，如果适当地旋转坐标轴（进行正交变换），使所讨论的向量与其中一个坐标轴重合，而垂直于其他两个坐标轴，那么，向量就可以只用它在该坐标轴上的投影来描述。对于平面上的向量也可以做类似的处理。

一般信号看起来很复杂，可视为无限维空间的一个向量。人们很难从这样的向量获知信号的本质，从而也难以对其进行有效的处理。所以，对信号进行分析就理所当然地涉及坐标系的变换，即从时域变换到频域或相反。这种变换就是高等代数中的正交变换。正交变换具有“能量”不变性（即向量长度不变）。傅里叶变换是信号处理中常用的正交变换。而对于更广泛的信号，它们的正交变换是什么样的呢？作为普通向量空间概念的抽象和推广，线性空间和线性赋范空间是学习数值分析时常用到的两个基本概念。由于信号表示式与多维矢量之间存在许多形式上的类似，因此信号用多维矢量来描述更便于对信号的性能、信号分析与处理进行更深入的研究。

# 3.2 信号空间

## 3.2.1 线性空间

线性空间是由具体的几何平面和空间的特征经过抽象提炼出来的一个数学概念。通俗地说，在一个集合上定义了线性运算，并且这种运算满足一定的规则，那么这个非空集就成为一个线性空间。

定义 1：设 $V$ 是一非空集，$F$ 是数域。对 $V$ 中任意两个元$\alpha$、$\beta$，定义一个加法运算，记为“+”：$\alpha+\beta\in V$；定义一个数乘运算：$k\alpha\in V$，$k\in F$。如果这两种运算满足以下规则：

①对任意$\alpha$、$\beta\in V$，有$\alpha+\beta=\beta+\alpha$；

②对任意$\alpha$、$\beta$、$\gamma\in V$，有$(\alpha+\beta)+\gamma=\alpha+(\beta+\gamma)$；

③存在 $0\in V$，使得对任意$\alpha\in V$，都有$\alpha+0=\alpha$，这个元“0”称为 $V$ 的零元；

④对任意$\alpha\in V$，如果存在$-\alpha\in V$，使得$\alpha+(-\alpha)=0$，这个元“$-\alpha$”称为 $V$ 的负元；

⑤对任意的 $k\in F$ 和任意$\alpha$、$\beta\in V$，有 $k(\alpha+\beta)=k\alpha+k\beta$；

⑥对任意$\alpha\in V$ 和任意的 $k,l\in F$，有$(k+l)\alpha=k\alpha+l\alpha$；

⑦对任意$\alpha\in V$ 和任意的 $k,l\in F$，有 $k(l\alpha)=(kl)\alpha$；

⑧$F$ 中存在数 1，使得对任意$\alpha\in V$，有 $1\alpha=\alpha$；

那么称 $V$ 为 $F$ 上的线性空间（或向量空间），记为 $V(F)$；$V$ 中的元称为向量。定义的加法运算和数乘运算称为 $V$ 的线性运算。当 $F$ 为实数域 $R$ 时称 $V$ 为实线性空间，当 $F$ 为复数域 $C$ 时称它为复线性空间。对于线性空间，常满足以下性质。

性质 1：若 $\alpha_1,\alpha_2,\cdots,\alpha_m\in V(F)$、$k_1,k_2,\cdots,k_m\in F$ 是 $V(F)$ 的元，则

$$\beta=k_1\alpha_1+k_2\alpha_2+\cdots+k_m\alpha_m=\sum_{i=1}^{m}k_i\alpha_i \tag{3-1}$$

$\beta$ 为 $\alpha_1,\alpha_2,\cdots,\alpha_m$ 的一个线性组合，或称 $\beta$ 可由 $\alpha_1,\alpha_2,\cdots,\alpha_m$ 线性表出。

性质 2：$V$ 中的向量组 $\alpha_1,\alpha_2,\cdots,\alpha_m$ 称为线性相关的，如果存在一组不全为零的数 $k_1,k_2,\cdots,k_m$，使

$$\sum_{i=1}^{m} k_i\alpha_i = 0 \tag{3-2}$$

若仅当 $k_1 = k_2 = \cdots = k_m = 0$ 时，上式才成立，则称此向量组是线性无关的。

线性空间可以简化为向量的集合，对向量的加法和数量乘法封闭，因此，线性空间也称为向量空间。

### 3.2.2 赋范信号空间

在研究信号空间中，常常需要考虑它作为线性空间的代数特性，完成这一点，是通过对线性空间中每一元素确定一个非负实数 $\|x\|$ 完成的，$\|x\|$ 称为范数，它反映了该向量的“尺寸”。

在实数域中，数的大小和两个数之间的距离是通过绝对值来度量的。在解析几何中，向量的大小和两个向量之差的大小是“长度”或“距离”的概念来度量。为了对信号矩阵运算进行数值分析，我们需要将向量和矩阵的“大小”引入某种度量，而范数是绝对值概念的自然推广。范数是对向量和矩阵的一种度量，实际上也是二维和三维向量长度概念的一种扩展。

定义：在线性空间信号的集合上，对 $X$ 的每个元素赋一个不小于零的数，这个处理过程为 $X$ 上的范数，范数符合记为 $\|\ \|$，它满足如下公理：

（1）$\|x\| \geqslant 0$　　　$\|x\| = 0$ 当且仅当 $x = 0$（测度）

（2）$\|x + y\| \leqslant \|x\| + \|y\|$（三角形法则）

（3）$\|ax\| = \|a\| \cdot \|x\|$（$x$ 为标量）

赋范空间 $X$ 的元素可以为向量，其范数则可以表示为该向量的长度。因此，在函数空间中，它们有一个代数结构，即构成一个线性空间，同时还与某种收敛性相联系，处理这种结构最常用的一般方法是引入一个

范数，这样就导致赋范空间的概念。

### 3.2.3 连续时间信号空间的范数

连续时间信号空间中，元素 $x$，$x(t)\in \boldsymbol{X}$ 的 $p$ 阶范数定义如下：

$$\|x(t)\|_p=\left[\int_T |x(t)|^p \mathrm{d}t\right]^{\frac{1}{p}}\text{，其中}1\leqslant p\leqslant\infty\text{且为整数}\tag{3-3}$$

常用的范数有

$$\|x(t)\|_2=\left[\int_T |x(t)|^2 \mathrm{d}t\right]^{\frac{1}{2}}\tag{3-4}$$

对于离散信号的范数可以定义为：

$$\|x(t)\|_p=\left[\sum_{n=n_1}^{n_2}|x_n|^p\right]^{\frac{1}{p}}\tag{3-5}$$

系统(system)是由某些相互作用、相互关联的元器件或子系统组合而成的某种物理结构，其基本功能是对输入信号进行处理，并产生相应的输出信号。如通信系统、计算机系统、机器人、自动控制系统、软件等都称之为系统。对于系统的输出，通常可以定义将信号分解为冲激信号之和 $x(t)$，借助系统的冲激响应 $h(t)$，并引入系统误差 $e(t)$，求解系统对任意激励信号的状态响应 $y(t)$，表达式为

$$y(t)=x(t)*h(t)+e(t)\tag{3-6}$$

则：

$$e(t)=y(t)-x(t)*h(t)\tag{3-7}$$

那么要使得系统误差最小，可以通过 $\|e(t)\|_2=\|y(t)-x(t)*h(t)\|_2$ 使误差最小，得出的解 $h(t)$ 为最优解。

证明：$\|x(t)\|_p$ 满足范数的三角不等式

（1）对 Young（杨）不等式的证明：设 $p>1$，$\dfrac{1}{p}+\dfrac{1}{q}=1$，则对于 $a>0$，$b>0$ 有 $ab\leqslant\dfrac{a^p}{p}+\dfrac{b^q}{q}$。

证明：考虑 $y=x^{p-1}$ 在区间 $(0,a]$ 的积分

$$\int_0^a x^{p-1}\mathrm{d}x=\frac{a^p}{p} \tag{3-8}$$

由于 $\frac{1}{p}+\frac{1}{q}=1$，则 $x=y^{q-1}$，考虑 $x=y^{q-1}$ 在区间 $(0,b]$ 的积分

$$\int_0^b y^{q-1}\mathrm{d}x=\frac{b^q}{q} \tag{3-9}$$

图 3-1 中对 x,y 分别积分和虚线面积，而 $a$ 与 $b$ 乘积为实线矩形面积，可以看出 $ab\leqslant\frac{a^p}{p}+\frac{b^q}{q}$，因此 Young（杨）不等式成立。

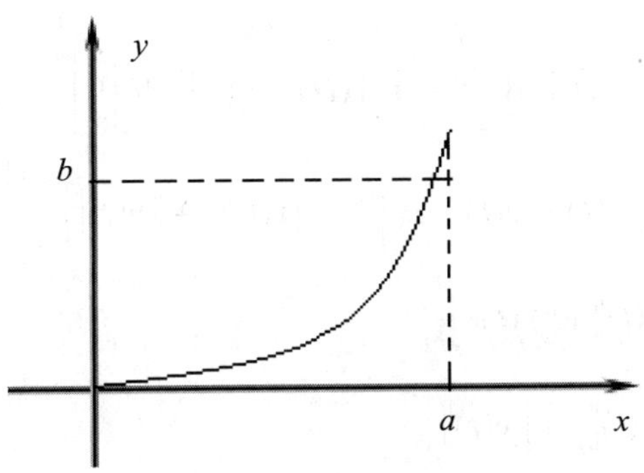


图 3-1　积分面积比较

（2）证明如下不等式：

$$\int_T|x(t)y(t)|\mathrm{d}t\leqslant\left[\int_T|x(t)|^p\,\mathrm{d}t\right]^{\frac{1}{p}}\left[\int_T|y(t)|^q\mathrm{d}t\right]^{\frac{1}{q}} \tag{3-10}$$

令 $a=\frac{|x(t)|}{\left[\int_T|x(t)|^p\mathrm{d}t\right]^{\frac{1}{p}}}$，$b=\frac{|y(t)|}{\left[\int_T|y(t)|^q\,\mathrm{d}t\right]^{\frac{1}{q}}}$，根据 Young 不等式有

$$\begin{aligned}\frac{|x(t)|}{\left[\int_T|x(t)|^p\,\mathrm{d}t\right]^{\frac{1}{p}}}\cdot\frac{|y(t)|}{\left[\int_T|y(t)|^q\,\mathrm{d}t\right]^{\frac{1}{q}}}&\leqslant\frac{|x(t)|}{p\left[\int_T|x(t)|^p\,\mathrm{d}t\right]^{\frac{1}{p}}}+\frac{|y(t)|}{q\left[\int_T|y(t)|^q\,\mathrm{d}t\right]^{\frac{1}{q}}}\\&\leqslant\frac{1}{p}+\frac{1}{q}=1\end{aligned} \tag{3-11}$$

其中，$\|x(t)\|_p=\left[\int_T|x(t)|^p\,\mathrm{d}t\right]^{\frac{1}{p}}$，因此，有$\|xy\|\leqslant\|x\|_p\|y\|_q \quad \frac{1}{p}+\frac{1}{q}=1$

（3）证明三角不等式

$$\begin{aligned}
\|x(t)+y(t)\|_p&=\left[\int_T|x(t)+y(t)|^p\,\mathrm{d}t\right]^{\frac{1}{p}}\\
&=\left[\int_T|x(t)+y(t)|^{P-1}\cdot|x(t)+y(t)|\mathrm{d}t\right]^{\frac{1}{p}}\\
&\leqslant\left[\int_T|x(t)+y(t)|^{P-1}|x(t)|\mathrm{d}t+\int_T|x(t)+y(t)|^{P-1}|y(t)|\mathrm{d}t\right]^{\frac{1}{p}}\\
&\leqslant\left[\left[\int_T|x(t)|^p\,\mathrm{d}t\right]^{\frac{1}{p}}\cdot\left[\int_T|x(t)+y(t)|^p\,\mathrm{d}t\right]^{\frac{1}{q}}\right.\\
&\quad\left.+\left[\int_T|y(t)|^p\,\mathrm{d}t\right]^{\frac{1}{p}}\cdot\left[\int_T|x(t)+y(t)|^p\,\mathrm{d}t\right]^{\frac{1}{q}}\right]^{\frac{1}{p}}\\
&=\left[\int_T|x(t)+y(t)|^p\,\mathrm{d}t\right]^{\frac{1}{pq}}\cdot\left[\|x(t)\|_p+\|y(t)\|_p\right]^{\frac{1}{p}}\\
&=\left[\|x(t)\|+\|y(t)\|\right]_p^{\frac{1}{p}}\\
&\leqslant\left[\|x(t)\|_p+\|y(t)\|_p\right]^{\frac{1}{p}}
\end{aligned}\tag{3-12}$$

其中：

$$\begin{aligned}
\int_T|x(t)+y(t)|^{p-1}|x(t)|\mathrm{d}t&=\int_T|z(t)||x(t)|\mathrm{d}t\\
&\leqslant\left[\int_T|x(t)|^p\,\mathrm{d}t\right]^{\frac{1}{p}}\cdot\left[\int_T|z(t)|^p\,\mathrm{d}t\right]^{\frac{1}{q}}\\
&=\left[\int_T|x(t)|^p\,\mathrm{d}t\right]^{\frac{1}{p}}\cdot\left[\int_T|x(t)+y(t)|^p\,\mathrm{d}t\right]^{\frac{1}{q}}
\end{aligned}\tag{3-13}$$

## 3.3 距离空间

在前面的讨论的信号空间中，我们把具有一定特性的信号归纳在一个信号集合或一个等价子集合中，符合逻辑的下一步，显然是考察一个集合的各信号元素的差异，而且希望这个差异是可以测量的。因此，在集合的基础上，我们引入一些拓扑结构可以形成不同的空间。距离是一种几何结构，用来表示两个信号的相似程度。

对信号空间$X$的两个元素$x$和$y$分配一个不小于零的数，记为$d(x,y)$，如果$d(x,y)$满足如下特征，我们称$d(\ )$为定义于$X$上的距离。

（1）$d(x,y)\geqslant 0$，当且仅当$x=y$，$d(x,y)=0$

（2）$d(x,y)\leqslant d(x,z)+d(z,y)$

如果取：$d(x,y)=\|x-y\|$，则我们在赋范空间上定义了距离，该范数也为距离。同理有

$$\|x-y\|=\|x-z+z-y\|\leqslant\|x-z\|+\|z-y\| \tag{3-14}$$

$$d(x,y)\leqslant d(x,z)+d(z,y) \tag{3-15}$$

## 3.4 内积空间

在线性空间中，元素之间仅限于加法及数乘两种线性运算，但在三维欧氏空间中，也就是在向量代数中，向量的数量积（内积）是一个重要的概念，它是引入向量正交、长度和两向量夹角等概念的基础，为了使这些应用较广的概念能在抽象的线性空间中得到反映，有必要将这些概念加以拓广，建立线性空间的内积的概念，由此形成内积空间。内积是欧式空间中两个矢量点积概念的推广，内积空间中的投影定理在信号处理中应用十分广泛，内积空间也可以构成赋泛空间。

对$X$的二元$x$，$y$分配一个数，记为$<x,y>$，如果$<x,y>$满足如下三个公理，则称$<x,y>$为定义在$X$上的内积。

（1）$<x,y>=<y,x>^*$，*表示复共轭；

（2）$<x,x>\geqslant 0$，当且仅当$x=0$时，$<x,x>=0$

（3）对于标量$\alpha,\beta$有

$$<\alpha x+\beta y,z>=\alpha<x,z>+\beta<y,z>$$

内积有如下性质：

① $<x,y>\leqslant|<x,x>|^{\frac{1}{2}}|<y,y>|^{\frac{1}{2}}$

证明：

$$\begin{aligned}
&<x+\alpha y,x+\alpha y>=<x,x+\alpha y>+\alpha<y,x+\alpha y>\\
&=<x,x>+\alpha^{*}<x,y>+\alpha<y,x>+|\alpha|^{2}<y,y>\\
&=<x,x>+\alpha^{*}<x,y>+\alpha<x,y>^{*}+|\alpha|^{2}<y,y>\\
&=<x,x>+<y,y>\left\{\alpha^{*}\frac{<x,y>}{<y,y>}+\alpha\frac{<x,y>^{*}}{<y,y>}+|\alpha|^{2}\right\}
\end{aligned}\tag{3-16}$$

取：

$$\alpha=-\frac{<x,y>}{<y,y>}$$

$$\begin{aligned}
&=<x,x>+<y,y>\left\{\left|\frac{<x,y>}{<y,y>}+\alpha\right|^{2}-\left|\frac{<x,y>}{<y,y>}\right|^{2}\right\}\\
&=<x,x>-\frac{|<x,y>|^{2}}{<y,y>}\\
&\geqslant 0
\end{aligned}\tag{3-17}$$

得证。

② $<x,\alpha y>=\alpha^{*}<x,y>$　（$\alpha$ 为标量）

证明：

$$<x,\alpha y>=[<\alpha y,x>]^{*}=[\alpha<y,x>]^{*}=\alpha^{*}<y,x>^{*}=\alpha^{*}<x,y>\tag{3-18}$$

得证。

实际可以定义为

$$|<x,x>|^{\frac{1}{2}}=\|x\|\tag{3-19}$$

证明：（3 个公理满足即可）

① $\|x\|\geqslant 0$

由定义特性：

$$|<x,y>|^{2}\leqslant<x,x><y,y>$$

$$\|x\|=|<x,x>|^{\frac{1}{2}}\quad d(x,y)=\|x-y\|$$

② $\|\alpha x\| = |\alpha| \|x\|$

$$
\begin{aligned}
<\alpha x, \alpha x>^{\frac{1}{2}} &= [\alpha < x, \alpha x >]^{\frac{1}{2}} \\
&= [\alpha < \alpha x, x >^{*}]^{\frac{1}{2}} \\
&= [\alpha < \alpha < x, x >>^{*}]^{\frac{1}{2}} \\
&= \left[|\alpha|^{2} < x, x >\right]^{\frac{1}{2}} \\
&= |\alpha| < x, x >^{\frac{1}{2}} \\
&= |\alpha| \|x\|
\end{aligned}
$$

③ $\|x+y\| \leqslant \|x\| + \|y\|$

$$
\begin{aligned}
< x+y, x+y > &= < x, x > + < x, y > + < y, x > + < y, y > \\
&\leqslant < x, x > + |< x, y >| + |< y, x >| + < y, y > \\
&= < x, x > + 2|< x, y >| + < y, y > \\
&\leqslant < x, x > + 2 < x, x >^{\frac{1}{2}} < y, y >^{\frac{1}{2}} + < y, y > \\
&= \left( < x, x >^{\frac{1}{2}} + < y, y >^{\frac{1}{2}} \right)^{2}
\end{aligned}
$$

连续信号的内积常用：

$$< x, y > = \int_{T} x(t) y^{*}(t) \mathrm{d}t \text{，当 } x(t) \in L^{2}(t) \text{，} y(t) \in L^{2}(t) \text{ 时，} \tag{3-20}$$

常见的离散信号的内积定义式：

$$< x_n, y_n > = \sum_{n} x_n y_n^{*} \tag{3-21}$$

随机信号的内积可以定义为

$$< x, y > = E\left\{ x y^{*} \right\} \tag{3-22}$$

$$E\left\{ x_n y_n^{*} \right\} = \sum_{n} x_n y_n^{*} p(x_n y_n) \tag{3-23}$$

$$< x, y > = \int_{T} x(t) y^{*}(t) R(t) \mathrm{d}t \tag{3-24}$$

其中 $R(t) \geqslant 0$，对于离散随机信号的内积可以定义为

$$< x, y >= \sum_{n=n_0}^{n_1} x_n Q y_n^*$$ (3-25)

其中，$Q = p(x_n, y_n)$ 为随机信号发生概率。

## 3.5 信号的积分变换

积分变换无论在数学理论或其应用中都是一种非常有用的工具。最重要的积分变换有傅里叶变换、拉普拉斯变换。由于不同应用的需要，还有其他一些积分变换，信号的积分表示一般情况下为

$$F(\lambda) = \int_T f(t)\varphi(\lambda, t)\mathrm{d}t$$ (3-26)

$$f(t) = \int_\tau F(\lambda)\theta(\tau, t)\mathrm{d}\lambda$$ (3-27)

上式中，$\varphi(\lambda,t)$ 称为积分核，$\theta(\tau,\lambda)$ 称为偶核。

称 $F(\lambda), f(t)$ 为积分变换对，有 $f(t) \longleftrightarrow F(\lambda)$

（1）$\varphi(\lambda,t)$ 和 $\theta(\tau,\lambda)$ 的关系

$$\int_T \int_\tau f(t)\varphi(\lambda,t)\theta(\tau,\lambda)d\lambda\mathrm{d}t = \int_T f(\tau)\left[\int_\tau \varphi(\lambda,t)\theta(\tau,\lambda)\mathrm{d}\lambda\right]\mathrm{d}\tau = f(t)$$ (3-28)

$$\int_T \int_\tau F(\sigma))\left[\int_T \varphi(\lambda,t)\theta(T,\sigma)\mathrm{d}t\right]\mathrm{d}\sigma = F(\lambda)$$ (3-29)

（2）帕斯瓦尔关系

$$\int_T \left|f(t)^2\right|\mathrm{d}t = \int_\tau \left|F(\lambda)^2\right|\mathrm{d}\lambda，\ \|f(t)\|_2 = \|F(\lambda)\|_2$$ (3-30)

那么如果需要上式成立，那么 $\varphi(\lambda,t)$ 和 $\theta(\tau,\lambda)$ 应具备什么性质呢？

解：

设 $f(t) \leftrightarrow F(\lambda)$，$y(t) \leftrightarrow Y(\lambda)$ 则

$Y(\lambda) = \int_T y(t)\theta^*(t,\lambda)\mathrm{d}t$，得 $Y(\lambda) = \int_T y(t)\theta^*(t,\lambda)\mathrm{d}t$

意味着要求：

$$\varphi(\lambda,t) = \theta^*(t,\lambda)$$

因此，如果 $\varphi(\lambda,t) = \theta^*(t,\lambda)$，则帕斯瓦尔关系成立。

如果 $\varphi(\lambda,t) = \theta^*(t,\lambda)$ 则称该积分变换具有自耦核。

（3）卷积定理成立的条件

$$f(t) \leftrightarrow F(\lambda)$$

$$y(t) \leftrightarrow Y(\lambda)$$

问题是什么条件下 $f(t) * y(t) \leftrightarrow F(\lambda)Y(\lambda)$ 成立呢？

解：

$$\begin{aligned} & f(t) * y(t) \\ & = \int_T f(\tau) y(t,\tau) \mathrm{d}\tau \\ & = \int_T f(\tau) \left\{ \int_\tau Y(\lambda) \theta(t-\tau,\lambda) \mathrm{d}\lambda \right\} \mathrm{d}\tau \\ & = \int_\tau Y(\lambda) \left\{ \int_T f(\tau) \theta(t-\tau,\lambda) \mathrm{d}\tau \right\} \mathrm{d}\lambda \end{aligned} \tag{3-31}$$

$$f(t) * y(t) = \int_\tau F(\lambda) Y(\lambda) \theta(t,\lambda) \mathrm{d}\lambda \tag{3-32}$$

这就意味着要求：

$$F(\lambda)\theta(t,\lambda) = \int_T f(\tau)\theta(t-\tau,\lambda)\mathrm{d}\tau \tag{3-33}$$

进而：$F(\lambda) = \int_T f(\tau) \dfrac{\theta(t-\tau,\lambda)}{\theta(t,\lambda)} \mathrm{d}\tau$ (3-34)

由此可得

在 $\varphi(\lambda,\tau) = \dfrac{\theta(t-\tau,\lambda)}{\theta(t,\lambda)}$ 时，$f(t) * y(t) \leftrightarrow F(\lambda)Y(\lambda)$ 成立。

另一个问题，在什么条件下：$f(t)y(t) \leftrightarrow F(\lambda) * Y(\lambda)$ 成立呢？

解：

$$\begin{aligned} & F(\lambda) * Y(\lambda) \\ & = \int_\tau F(\sigma) Y(\lambda-\sigma) \mathrm{d}\sigma \\ & = \int_T y(t) \left\{ \int_\tau F(\sigma) \varphi(\lambda-\sigma,t) \mathrm{d}\sigma \right\} \mathrm{d}t \\ & = \int_T f(t) y(t) \varphi(\lambda,t) \mathrm{d}t \end{aligned} \tag{3-35}$$

$$f(t)y(t) = \int_\tau F(\sigma)\varphi(\lambda-\sigma,t)\mathrm{d}\sigma \tag{3-36}$$

$$f(t) = \int_\tau F(\sigma) \frac{\theta(t-\tau,\lambda)}{\theta(t,\lambda)} \mathrm{d}\sigma \tag{3-37}$$

则在$\theta(t,\sigma)\varphi(\lambda,t)=\varphi(\lambda-\sigma,t)$条件下，$f(t)*y(t)\leftrightarrow F(\lambda)Y(\lambda)$成立。

## 3.6 信号表示法

对于连续信号可以表示成其谐波分量之和，如式(3-38)。

$$\tilde{f}_T(t)=\sum F_n \mathrm{e}^{\mathrm{j}\frac{2\pi}{T}n\omega} \tag{3-38}$$

问题是对于信号空间$X$我们希望找到一组信号$\{\varphi_n, n=0,\pm1,\pm2,\pm3,\cdots\}$，将空间信号唯一表示为

$$x=\sum_n x_n\varphi_n \tag{3-39}$$

$\sum_n \alpha_n\varphi_n=0$ 得$\alpha_n=0$线性无关

如果才在这组信号，该组信号的元是线性无关的，就称这组信号为该空间的一组基。在解释基的概念前，我们先看一下另一个概念：张成（Span）。

张成：如果信号空间$H$的任何一个元素（信号）可以表示成向量组成$\{\varphi_n, n\in$整数集$\}$的线性组合，即对于任何一个信号$x$，有$x=\sum_n \lambda_n\varphi_n$，其中$\lambda_n\in c$，$c$为复数形式，那么称$\{\varphi_n, n\in$整数集$\}$为空间$H$的张成。

基(Base)：如果上式中的系数是唯一的则称$\{\varphi_n, n\in$整数集$\}$为空间$H$的基，作为基$\{\varphi_n, n\in$整数集$\}$线性无关，反之亦然。需要注意的是，张成中包含了信号的冗余度，其表示不唯一，而基中没有信号的冗余度，其表示唯一。

（1）基函数对应系数的确定

有限基空间的信号表示该基组$\{\varphi_1,\varphi_2,\cdots,\varphi_n\}$，那么对该空间的任意一个信号，可以唯一表示为$x=\sum_{i=1}^{n}x_i\varphi_i$其中$x_i$为基$\varphi_i$对应的系数问题，系数$x_i$的确定？

假定在该空间上定义的内积，那么我们可以得到

$$\left\langle x,\varphi_j\right\rangle=\sum_{i=1}^{n}x_i\left\langle\varphi_i,\varphi_j\right\rangle \tag{3-40}$$

$$\begin{pmatrix}\left\langle\varphi_1,\varphi_1\right\rangle & \cdots & \left\langle\varphi_n,\varphi_1\right\rangle\\ \vdots & \ddots & \vdots\\ \left\langle\varphi_1,\varphi_n\right\rangle & \cdots & \left\langle\varphi_n,\varphi_n\right\rangle\end{pmatrix}\begin{pmatrix}x_1\\x_2\\\vdots\\x_n\end{pmatrix}=\begin{bmatrix}\left\langle x,\varphi_1\right\rangle\\\left\langle x,\varphi_2\right\rangle\\\vdots\\\left\langle x,\varphi_n\right\rangle\end{bmatrix} \tag{3-41}$$

简记为

$$\phi\bar{x}=\bar{\Gamma} \tag{3-42}$$

因此，若$\phi^{-1}$，即$\phi$的逆矩阵存在，则$\bar{x}=\phi^{-1}\Gamma$

$$x=\sum_{i=1}^{n}x_i\varphi_i \tag{3-43}$$

$$\begin{aligned}\left\langle x,x\right\rangle&=\left\langle\sum_{i=1}^{n}x_i\varphi_i,\sum_{j=1}^{n}x_j\varphi_j\right\rangle\\&=\sum_{i=1}^{n}x_i\left\langle\varphi_i,\sum_{j=1}^{n}x_j\varphi_j\right\rangle\\&=\sum_{i=1}^{n}\sum_{j=1}^{n}x_ix_j^*\left\langle\varphi_i\varphi_j\right\rangle\\&=(x_1^*,x_2^*,\cdots,x_n^*)\begin{pmatrix}\left\langle\varphi_1,\varphi_1\right\rangle & \cdots & \left\langle\varphi_n,\varphi_1\right\rangle\\ \vdots & \ddots & \vdots\\ \left\langle\varphi_1,\varphi_n\right\rangle & \cdots & \left\langle\varphi_n,\varphi_n\right\rangle\end{pmatrix}\begin{pmatrix}x_1\\x_2\\\vdots\\x_n\end{pmatrix}\end{aligned} \tag{3-44}$$

如果$\phi_i$是正交的，即

$$\left\langle\varphi_i,\varphi_j\right\rangle=A_{ij}\delta_{ij}=\begin{cases}A_{ij} & (i=j)\\0 & (i\neq j)\end{cases} \tag{3-45}$$

$$\delta_{ij}=\delta(i-j)=\begin{cases}1 & (i=j)\\0 & (i\neq j)\end{cases} \tag{3-46}$$

如果 $A_{ii}=1$，那么称 $\phi_i$ 为标准正交基。这时 $X_i=\left\langle x,\phi_i\right\rangle$，$\left\langle\varphi_i,\varphi_j\right\rangle=\|\phi_i\|^2=1$。

（2）基元正交化处理

设：基元组 $\{\phi_i, i=1\sim n\}$， $\theta_i$ 正交基 $\{\theta_i, i=1\sim n\}$，有

$$\theta_i = \sum_{k=1}^{n} C_{ik}\phi_k \text{，} \quad \theta_1 = C_{11}\phi_1 \tag{3-46}$$

$$\langle \theta_1, \theta_1 \rangle = |C_{11}|^2 \langle \phi_1, \phi_1 \rangle \Rightarrow |C_{11}|^2 = \frac{1}{\langle \phi_1, \phi_1 \rangle} \tag{3-47}$$

即：$C_{11} = \|\phi_1\|^{-1}$

$$\begin{aligned} \theta_2 &= \sum_{k=1}^{2} C_{ik}\phi_k \\ &= C_{21}\phi_1 + C_{22}\phi_2 \\ &= \frac{C_{21}}{C_{11}}\theta_1 + C_{22}\phi_2 \end{aligned} \tag{3-48}$$

$$\begin{aligned} \frac{C_{21}}{C_{11}}\langle \theta_1, \theta_1 \rangle + C_{22}\langle \phi_2, \theta_1 \rangle &= \frac{C_{21}}{C_{11}}\langle \theta_1, \theta_1 \rangle + C_{22}C_{11}^{*}\langle \phi_2, \phi_1 \rangle \\ &= \frac{C_{21}}{C_{11}} + C_{21}C_{11}^{*}\langle \phi_2, \phi_1 \rangle \\ &= 0 \qquad\qquad (\langle \theta_2, \theta_1 \rangle = 0) \end{aligned} \tag{3-49}$$

同理可由 $\langle \theta_2, \theta_2 \rangle = 1$ 得到另一个方程，从而解出系数 $C_{21}, C_{22}$。

（3）帕斯瓦尔关系

$$x = \sum_{i=1}^{n} X_i\theta_i \quad x \leftrightarrow X_i \text{，} \quad X_i = \langle x, \theta_i \rangle \text{，} \quad y = \sum_{i=1}^{n} Y_i\theta_i \text{，} \quad y \leftrightarrow Y_m$$

$$\begin{aligned} \langle x, y \rangle &= \left\langle \sum_{i=1}^{n} X_i\theta_i, \sum_{m=1}^{n} Y_m\theta_m \right\rangle \\ &= \sum_{i=1}^{n}\sum_{m=1}^{n} X_i Y_m^{*} \langle \theta_i, \theta_m \rangle \\ &= \sum_{i=1}^{n} X_i Y_i^{*} \end{aligned} \tag{3-50}$$

定义为：$\langle X_i, Y_i \rangle$

推论：能量定理

$$\begin{aligned}\|x\|^2 &= \langle x,x\rangle \\ &= \sum_{i=1}^{n}|X_i|^2 \\ &= \|X_i\|^2\end{aligned} \tag{3-51}$$

（4）正交投影

研究的问题：假定信号空间 $X$ 的正交基元组为 $\{\theta_i, i=1\sim n\}$，那么，若 $f \notin X$，如何表示出 $X \subset F$ 到 $X$ 的距离。

首先考虑另外一个空间 $F$，假定 $X \subset F$，但 $X \neq F$，且 $f \in F$，$x \in X$

$\min d(f,x) = \left\| f - \overset{\Delta}{x} \right\|$（从 $X$ 中指定一点 $\overset{\Delta}{x}$ 到 $f$ 得距离最短）

求解：

$$\begin{aligned}\|f-x\|^2 &= \langle f-x, f-x\rangle \\ &= \left\langle f-\sum_{i=1}^{n}\alpha_i\theta_i, f-\sum_{k=1}^{n}\alpha_k\theta_k \right\rangle \\ &= \langle f,f\rangle - \sum_{i=1}^{n}\alpha_i\langle\theta_i,f\rangle - \sum_{k=1}^{n}\alpha_k^*\langle f,\theta_k\rangle + \sum_{i=1}^{n}\sum_{k=1}^{n}\alpha_i\alpha_k^*\langle\theta_i,\theta_k\rangle \\ &= \|f\|^2 - \sum_{i=1}^{n}\alpha_i\langle f,\theta_i\rangle^* - \sum_{k=1}^{n}\alpha_k^*\langle f,\theta_k\rangle + \sum_{i=1}^{n}|\alpha_i|^2 \\ &= \|f\|^2 + \sum_{i=1}^{n}(-\alpha_i\langle f,\theta_i\rangle^* - \alpha_k^*\langle f,\theta_k\rangle + |\alpha_i|^2) \\ &= \|f\|^2 + \sum_{i=1}^{n}(\langle f,\theta_i\rangle\langle f,\theta_i\rangle^* - \alpha_i\langle f,\theta_i\rangle^* - \alpha_i^*\langle f,\theta_i\rangle + |\alpha_i|^2 - \langle f,\theta_i\rangle\langle f,\theta_i\rangle^*) \\ &= \|f\|^2 + \sum_{i=1}^{n}(|\langle f,\theta_i\rangle - \alpha_i|^2 - |\langle f,\theta_i\rangle|^2)\end{aligned} \tag{3-52}$$

$\alpha_i = \langle f,\theta_i\rangle$，可令上式最小。

最佳解：

$$\overset{\Delta}{x} = \sum_{i=1}^{n}\langle f,\theta_i\rangle\theta_i \tag{3-53}$$

令 $e = f - \overset{\Delta}{x} = f - \sum_{i=1}^{n}\langle f,\theta_i\rangle\theta_i$

讨论，若$x \in X$，则$x$和$e$正交，即$\langle x,e\rangle = 0$

$$
\begin{aligned}
\langle x,e\rangle &= \left\langle x, f-\overset{\Delta}{x}\right\rangle = \left\langle x, f-\sum_{i=1}^{n}\langle f,\theta_i\rangle\theta_i\right\rangle \\
&= \left\langle \sum_{j=1}^{n}\beta_j\theta_j, f-\sum_{i=1}^{n}\langle f,\theta_i\rangle\theta_i\right\rangle \\
&= \sum_{j=1}^{n}\beta_j\left\langle \theta_j, f-\sum_{i=1}^{n}\langle f,\theta_i\rangle\theta_i\right\rangle \\
&= \sum_{j=1}^{n}\beta_j\langle\theta_j,f\rangle - \sum_{j=1}^{n}\beta_j\sum_{i=1}^{n}\langle f,\theta_j\rangle^*\langle\theta_i,\theta_j\rangle \\
&= \sum_{j=1}^{n}\beta_j\left(\langle\theta_j,f\rangle - \langle f,\theta_j\rangle^*\right) \\
&= 0
\end{aligned}
\tag{3-54}
$$

由此：$f = e + \overset{\Delta}{x}$

$$\Rightarrow \|f\|^2 = \left\|\overset{\Delta}{x}\right\|^2 + \|e\|^2 \quad （由\langle x,e\rangle = 0可得） \tag{3-55}$$

$$\|e\|^2 = \left\|f-\overset{\Delta}{x}\right\|^2 = \|f\|^2 - \left\|\overset{\Delta}{x}\right\|^2 \tag{3-56}$$

（5）无限元的逼近

$$\overset{\Delta}{x} = \sum_{i=1}^{n}\langle f,\theta_i\rangle\theta_i \tag{3-57}$$

假定，$X$的基元为可列无穷多，则$\boldsymbol{X}$的任意元素可以表示为

$$x = \sum_{i=1}^{\infty}\langle x,\theta_i\rangle\theta_i \tag{3-58}$$

假定$x_1 \subset X$，且$X$具有有限基元组$\{\theta_i, i = 1 \sim n\}$，则对于任意$x \in X$，有

$$x = \sum_{i=1}^{n}\langle X,\theta_i\rangle\theta_i + e \tag{3-59}$$

其中$\theta_i$和$e$正交。

根据正交投影原理

$$\|x\|^2 = \left\|\overset{\Delta}{x}\right\|^2 + \|e\|^2 \tag{3-60}$$

由此可以得到

$$\begin{aligned}\|x\|^2 \geqslant \left\|\overset{\Delta}{x}\right\|^2 &= \left\langle \sum_{i=1}^{n} \langle X,\theta_i\rangle \theta_i, \sum_{j=1}^{n} \langle X,\theta_j\rangle \theta_j \right\rangle \\ &= \sum_{i=1}^{n}\sum_{j=1}^{n} \langle X,\theta_i\rangle \langle X,\theta_j\rangle^* \langle \theta_i,\theta_j\rangle \\ &= \sum_{i=1}^{n} \left|\langle X,\theta_i\rangle\right|^2\end{aligned} \tag{3-61}$$

$\lim\limits_{n\to+\infty} \overset{\Delta}{x} = \lim\limits_{n\to+\infty} \sum\limits_{i=1}^{n} \langle X,\theta_i\rangle \theta_i$，按范数收敛到 $X$

$$\begin{aligned}&\lim_{n\to+\infty} \left\|\boldsymbol{X} - \overset{\Delta}{x}\right\| = \lim_{n\to+\infty} \|e\| = 0 \\ &\lim_{n\to+\infty} \left\|\boldsymbol{X} - \overset{\Delta}{x}\right\|^2 = \lim_{n\to+\infty} \left(\|\boldsymbol{X}\|^2 - \left\|\overset{\Delta}{x}\right\|\right)\end{aligned} \tag{3-62}$$

已知：

$$f(t) = \sum_{m=-\infty}^{\infty} F_m \phi(t) \tag{3-63}$$

设 $\phi(t)$ 的傅里叶变换为 $\phi(\mathrm{j}\Omega)$，假定 $\phi(t-m)$，$m \in \mathbf{Z}$，$\mathbf{Z}$ 为整数集，试构成信号 $X$ 的标准正交基。根据上述假定对任一信号 $f(t) \in X$ 有

$$f(t) = \sum_{m=-\infty}^{+\infty} F_m \phi(t-m)$$

做傅里叶变换有

$$\begin{aligned}F(\mathrm{j}\Omega) &= \sum_{m=-\infty}^{\aleph} F_m \mathrm{e}^{-\mathrm{j}m\Omega} \phi(\mathrm{j}\Omega) \\ &= \phi(\mathrm{j}\Omega) \sum_{m=-\infty}^{\infty} F_m \mathrm{e}^{-\mathrm{j}m\Omega}\end{aligned} \tag{3-64}$$

令

$$\hat{F}(\mathrm{j}\Omega) = \sum_{m=-\infty}^{\infty} F_m \mathrm{e}^{-\mathrm{j}m\Omega}$$

于是有

$$F(\mathrm{j}\Omega)=\hat{F}(\mathrm{j}\Omega)\phi(\mathrm{j}\Omega)$$

$$\begin{aligned}\|f(t)\|^2&=\int_{-\infty}^{+\infty}f(t)f^*(t)\mathrm{d}t\\&=\int_{-\infty}^{+\infty}\sum_{m=-\infty}^{+\infty}F_m\phi(t-m)\sum_{m=-\infty}^{+\infty}F_m\phi(t-k)\mathrm{d}t\\&=\sum_{m=-\infty}^{+\infty}\sum_{k=-\infty}^{+\infty}F_mF_k^*\int_{-\infty}^{+\infty}\phi(t-m)\phi^*(t-k)\mathrm{d}t\end{aligned}\tag{3-65}$$

$$\because\int_{-\infty}^{+\infty}\phi(t-m)\phi^*(t-k)\mathrm{d}t=\begin{cases}1 & k=m\\0 & k\neq m\end{cases}\tag{3-66}$$

$$\therefore\|f(t)\|^2=\sum_{m=-\infty}^{\infty}|F_m|^2\tag{3-67}$$

$$\begin{aligned}\|f(t)\|^2&=\frac{1}{2\pi}\int_{-\infty}^{+\infty}\|F(\mathrm{j}\Omega)\|^2\mathrm{d}\Omega\\&=\frac{1}{2\pi}\int_{-\infty}^{+\infty}\left|\hat{F}(j\Omega)\right|^2|\phi(\mathrm{j}\Omega)|^2\mathrm{d}\Omega\\&=\frac{1}{2\pi}\sum_{-\infty}^{\infty}\int_{(-2l-1)\pi}^{(2l+1)\pi}\left|\hat{F}(\mathrm{j}\Omega)\right|^2\mathrm{d}\Omega\end{aligned}\tag{3-68}$$

令 $\Omega=\nu+2l\pi$

$$=\frac{1}{2\pi}\sum_{-\infty}^{\infty}\int_{-\pi}^{\pi}\left|\hat{F}(\mathrm{j}\nu+\mathrm{j}2\pi l)\right|^2|\phi(\mathrm{j}\nu+\mathrm{j}2\pi l)|^2\mathrm{d}\nu\tag{3-69}$$

$$\begin{aligned}&\because\hat{F}(\mathrm{j}\nu+\mathrm{j}2\pi l)\\&=\sum_{m=-\infty}^{+\infty}F_m\mathrm{e}^{-\mathrm{j}(\nu+2\pi l)m}\\&=\sum_{m=-\infty}^{\infty}F_m\mathrm{e}^{-\mathrm{j}\nu m}\end{aligned}\tag{3-70}$$

$$\begin{aligned}&\left|\hat{F}(\mathrm{j}\nu+\mathrm{j}2\pi l)\right|^2\\&=\sum_{m=-\infty}^{+\infty}\sum_{m=-\infty}^{+\infty}F_mF_k^*\mathrm{e}^{-\mathrm{j}m(\nu-k)}\end{aligned}$$

又∵ $\frac{1}{2\pi}\int_{-\pi}^{\pi}\mathrm{e}^{-\mathrm{j}(m-k)v}\mathrm{d}v=\begin{cases}1 & k=m\\0 & k\neq m\end{cases}$

∴ $\frac{1}{2\pi}\int_{-\pi}^{\pi}\left|\hat{F}\left(\mathrm{j}v+\mathrm{j}2\pi l\right)\right|^2\mathrm{d}v$

$$\begin{aligned}&=\frac{1}{2\pi}\int_{-\pi}^{\pi}\sum_{m=-\infty}^{+\infty}\sum_{m=-\infty}^{+\infty}F_mF_k^*\mathrm{e}^{-\mathrm{j}m(v-k)}\mathrm{d}v\\&=\sum_{m=-\infty}^{+\infty}|F_m|^2\end{aligned}\tag{3-71}$$

$$\therefore\|f(t)\|^2=\sum_{m=-\infty}^{+\infty}|F_m|^2\sum_{l=-\infty}^{+\infty}\left|\phi\left(\mathrm{j}v+\mathrm{j}2\pi l\right)\right|^2\tag{3-72}$$

由式(3-65)和式(3-72)得 $\sum_{l=-\infty}^{+\infty}\left|\phi\left(\mathrm{j}v+\mathrm{j}2\pi l\right)\right|^2=1$

## 思考题与讨论题

1．请简述什么是线性空间的子空间？子空间是否一定包含零元素？为什么？

2．试解释线性空间上定义的范数必须满足哪些条件？

3．什么是巴拿赫空间？赋范空间中的基本列一定收敛吗？

4．试证明若 $X$ 是有限维的赋范线性空间，则线性算子 $T$ 必是有界的。

5．试证明在实内积空间中，元素 $x\perp y$，则满足 $\|x+y\|=\|x\|+\|y\|$。

# 第4章 希尔伯特空间中框架理论

信号分析和处理的主要目的是寻找一种简单而有效的分析方法，使信号所包含的主要特征显示出来。傅里叶变换是比较理想的对信号进行局部频谱分析的数学工具，然而在实际应用中，为了方便计算机进行分析、处理，信号都要离散化。因此连续傅里叶变换将成为离散傅里叶变换，而离散傅里叶变换中存在是否存在逆变换，讨论这个问题涉及框架理论。本章研究了希尔伯特空间中框架的定义及其特性，它是研究短时傅立叶变换和小波变换的基础。在希尔伯特空间中，框架是一组线性相关的向量，虽在表示向量时，框架不像正交基那样具有唯一性，而是具有冗余性，然而正是这种冗余性使得框架理论具有更广泛的应用。目前框架理论已经广泛应用于信号处理、数据压缩、采样理论等方面。

## 4.1 希尔伯特空间

希尔伯特空间中的框架理论是由 R.J.Duffin 和 A.G.Schacffier 于 1952 年在解决重构带限信号时提出的。框架可以看成是正交规范基的推广。那么在研究框架理论前，我们先讨论下什么是希尔伯特空间？

希尔伯特空间（Hilbert space）是由大卫·希尔伯特（David Hilbert）提出。希尔伯特空间将傅立叶展开及诸如傅立叶转换之类的线性转换概念加以理清并广义化。从数学领域考虑，希尔伯特空间是有限维欧几里得空间向无穷维的推广，其不再局限于有限维的情形，其也是巴拿赫空间（Banach space）的特例。与欧几里得空间相仿，希尔伯特空间也是一个内积空间，其上有距离和角的概念（及由此引申而来的正交性与垂直性的概念）。此外，希尔伯特空间还是一个完备的空间，其上所有的柯西列等价于收敛列，即任何一个柯西列都收敛到此空间中的某个元素，它们与某个元素的范数差的极限为零。从而微积分中的大部分概念都可以无障碍地推广到希尔伯特空间中。希尔伯特空间为基于任意正交系上的多项式表示的傅立叶级数和傅立叶变换提供了一种有效的表述方式。

希尔伯特空间可以定义为一个完备的内积空间称为 Hilbert 空间。图 4-1 为线性空间、线性距离空间、线性赋范空间、巴拿赫空间和希尔伯特空间的关系。

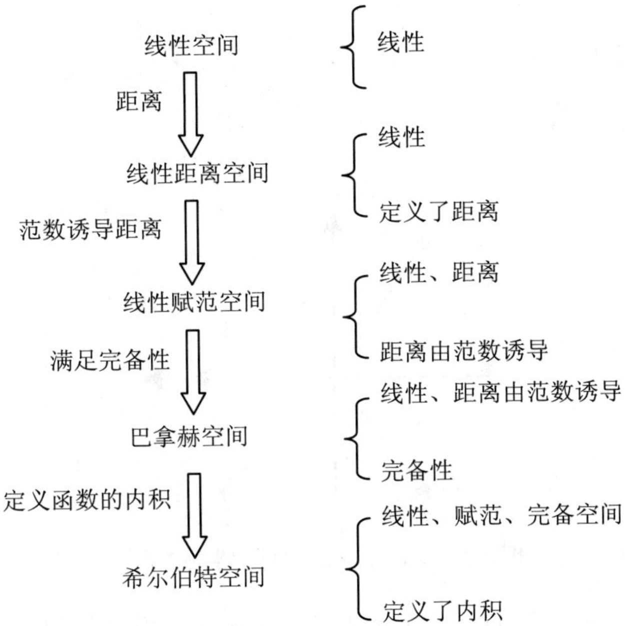


图 4-1　各空间之间的关系

## 4.2　框架的定义及应用

### 4.2.1　框架

$H$ 表示希伯特空间，若 $\phi_n$，$n \in \Gamma$（$\Gamma$ 可以有限或无限的整数集）构成一簇元素集 $\phi_n$，$n \in H$，使任何一个 $f \in H$ 有 $A > 0$，$B < \infty$ 使得

$$A\|f\|^2 \leqslant \sum_{n \in \Gamma} |\langle f, \phi_n \rangle|^2 \leqslant B\|f\|^2 \tag{4-1}$$

则称 $\phi_n$，$n \in \Gamma$ 为 $H$ 的框架。

①若 $A$=$B$，则称 $\phi_n$ 为紧框架；

②若 $\phi_n$ 线性无关，则 $A\leqslant 1\leqslant B$；

③若 $\phi_n$ 为标准正交基，则 $A=B=1$；

④若 $A>1$，则用 $\phi_n$ 表示 $H$ 空间的信号有冗余度。

例：判断下列框架特性。

$$\phi_1=e_1$$

$$\phi_2=-\frac{1}{2}e_1+\frac{\sqrt{3}}{2}e_2$$

$$\phi_3=-\frac{1}{2}e_1-\frac{\sqrt{3}}{2}e_2$$

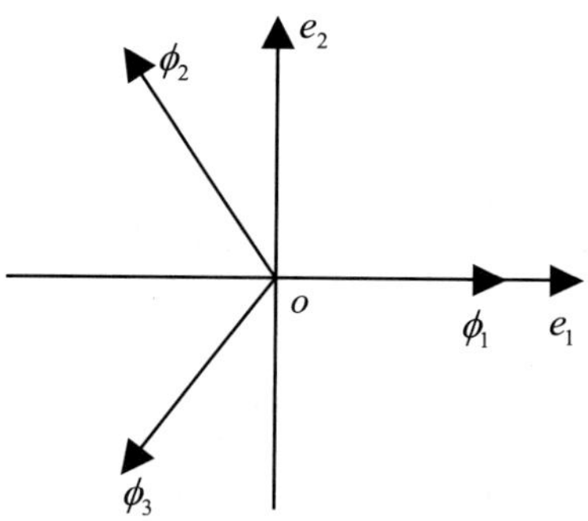


图 4-2　$\phi_1,\phi_2,\phi_3,e_1,e_2$ 之间的坐标关系

$\phi_1,\phi_2,\phi_3,e_1,e_2$ 之间的坐标关系如图 4-2 所示，设希尔伯特空间中有元素 $f$，根据框架定义有

$$\langle x,\phi_1\rangle=(x_1,x_2)\begin{pmatrix}1\\0\end{pmatrix}=x_1$$

$$\langle x,\phi_2\rangle=(x_1,x_2)\begin{pmatrix}-\frac{1}{2}\\\frac{\sqrt{3}}{2}\end{pmatrix}=-\frac{1}{2}x_1+\frac{\sqrt{3}}{2}x_2$$

$$\langle x,\phi_2\rangle=(x_1,x_2)\begin{pmatrix}-\frac{1}{2}\\\frac{\sqrt{3}}{2}\end{pmatrix}=-\frac{1}{2}x_1-\frac{\sqrt{3}}{2}x_2$$

$$\sum_{n=1}^{3}\left|\langle x,\phi_n\rangle\right|^2 = x_1^2+\left(-\frac{1}{2}x_1+\frac{\sqrt{3}}{2}x_2\right)+\left(-\frac{1}{2}x_1-\frac{\sqrt{3}}{2}x_2\right)$$

$$=x_1^2+\frac{1}{2}x_1^2+\frac{3}{2}x_2^2$$

$$=\frac{3}{2}\left(x_1^2+x_2^2\right)$$

$$=\frac{3}{2}\|x\|^2=\frac{3}{2}\langle x,x\rangle$$

根据框架定义，从上式看出，框架界为 $A=B=3/2$ ，因此 $\{\phi_1,\phi_2,\phi_3\}$ 为紧框架，但信号存在一定的冗余度。

框架是用于信号的分解和重构的重要理论，只要保证了框架界为有限值，则用这一组框架对信号进行分解是完备的，并且由分解系数对信号进行重构也是稳定的。但分解系数可能存在冗余。综上，框架也是函数序列，其特点是框架中各分量之间不一定正交，可以是线性独立的，也可以是线性相关的按该函数序列对信号展开。但在框架中帕斯瓦尔公式不再成立。展开前后信号的能量存在近似关系。

## 4.2.2 伪逆的定义

我们知道广义逆矩阵是逆矩阵的推广，当矩阵不可逆时，可用广义逆矩阵解决一些问题。Moore-Penrose 广义逆矩阵的唯一性决定了可用它求方程的某种最优解或最优近似解，在一定程度上起到了逆矩阵的作用。同样，在无线维情况下也有类似于Moore-Penrose广义逆矩阵的一类对象，这正是线性算子的伪逆算子。伪逆算子的概念是 Fredholm 在 1902 年提出来的，他给出了积分算子的广义逆，并称之为“伪逆”。伪逆算子在一定程度上起到了逆算子的作用，即算子不可逆时，它也存在唯一的伪逆算子，因此有些不能利用逆算子做的事情可用伪逆算子来代替。

定义：令 $Uf_{[n]}=\langle f,\phi_n\rangle$

$U$：仅对 $f$ 作用，算子 $U$ 表示框架算符

$Uf_{[n]}$ 表示框架元素 $\phi_n$ 对 $f$ 内积作用的结果

令$Uf$ 为所有$Uf_{[n]}$构成的集合称为 $U$ 的相空间，记作 $\mathrm{Im}U$

（1）伪逆的定义

若框架元 $\phi_n$ 是线性相关的，则存在 $x(n)\in H$ 使得 $H$ ：$\|x\|^2=\sum_{n\in\Gamma}|x(n)|^2<+\infty$

$$\sum_{n\in\Gamma}x^*(n)\phi_n=0 \tag{4-2}$$

由此可得

$$\langle f,\sum_{n,n\in\Gamma}x^*(n)\phi_n\rangle=\sum_{n,n\in\Gamma}x(n)\langle f,\phi_n\rangle=0 \tag{4-3}$$

于是 $\mathrm{Im}U$ 存在正交空间 $\mathrm{Im}U^{\perp}$

假定$\overline{U}^{-1}$是 $U$ 的左逆，即$\overline{U}^{-1}Uf=f$，而 $U$ 的左逆不是唯一。

因此，定义伪逆为作用 $IMU^{\perp}$ 上为零的左逆。

根据伪逆的定义可以表示为

$$Uf_1[n]=Uf_2[n] \tag{4-4}$$

其中 $U$ 是个单射算子，满足以下关系

①单射（injact）：若$Uf_1[n]=Uf_2[n]$则 $f_1=f_2$，换句话说，若$Uf[n]=0$，则 $f=0$

②伪逆定义为：作用于 $\mathrm{Im}U^{\perp}$ 为零得左逆记作 $U^{\perp}$ 或 $X\in\mathrm{Im}U^{\perp}$，$U^{\perp}=0$

③伴随算子：称 $U^*$ 为 $U$ 的伴随算子，如果$\langle UF,x\rangle=\langle f,\ U^*\alpha\rangle$

综上有
$$\tilde{U}^{-1}=\left(U^*U\right)^{-1}U^*$$

$$\begin{cases}\langle Uf,x\rangle=\langle f,U^*x\rangle\\ \langle f,U^*x\rangle=0\Rightarrow U^*x=0\end{cases} \tag{4-5}$$

（2）左逆的存在性

讨论：$U^*U$ 的逆存在性？

证：

1．$U^*U$ 单射

$$\begin{cases} Y_1 - Y_2 = 0 \\ T|x_1 - x_2| = 0 \Rightarrow x_1 - x_2 \end{cases} \tag{4-6}$$

$$\begin{cases} Y_1 - Y_2 = 0 \\ T|x_1 - x_2| = 0 \Rightarrow x_1 - x_2 \end{cases} \tag{4-7}$$

由于不同的相，对应于不同的源，相同的源对应于相同的相，又根据伴随算子定义有

$$\langle f, U^*Uf \rangle = \langle Uf, Uf \rangle \tag{4-8}$$

如果 $U^*Uf = 0$，则 $Uf = 0 \Rightarrow f = 0$

由单射的定义可知：$U^*U$ 是满足单射条件。

2．$U^*U$ 满射

反证：假定 $g \in H$ 和 $U^*Uf$ 正交，即 $U^*U$ 不是满射的，于是有

$$\langle g, U^*Uf \rangle = \langle Ug, Uf \rangle = 0$$

由于 $f$ 是 $H$ 空间的任何元素，则可知 $Ug$=0，于是 $g$=0，推出矛盾，没有正交。从而 $U^*U$ 是满射的。

综上 $U^*U$ 即是单射又是满射，根据逆算子的定义，$U^*U$ 的逆式是存在的。

证明：$\tilde{U}^{-1} = (U^*U)^{-1} U^*$ 的存在性？

如果要证 $\tilde{U}^{-1} = (U^*U)^{-1} U^*$，需证 $(U^*U)\tilde{U}^{-1} x = U^* x$，其中 $x \in H$ 成立

（1）首先假定 $x \in \mathrm{Im} U^{\perp}$ 则显然上式成立

（2）再假定 $x \in \mathrm{lm} U^{\perp}$，设 $x$=$Uf$，于是有

$$(\mathrm{U}^*\mathrm{U})\left(\tilde{\mathrm{U}}^{-1}\,\mathrm{U}\right) f = U^*Uf = U^* x \tag{4-9}$$

则显然上式成立。

证明思想：从伪逆的定义的两个条件来证明的。

则 $U^*U\ \tilde{U}^{-1}\ x = U^{-1} x$ 得证

又知 $U^*U$ 的逆存在，则有：$\tilde{U}^{-1} x = (U^*U)^{-1} U^* x \Rightarrow \tilde{U}^{-1} = (U^*U)^{-1} U^*$

从信号的角度分析，伪逆是左逆的最小上确界。因此，伪逆是左逆的能量最小的算子，而能量其实是范数在信号中的运用。假设存在式()中的映射关系

$$T: x \to y, Tx = y$$

$$\|T\| = \underset{x=0}{\mathrm{SUP}} \|Tx\| / \|x\| \tag{4-10}$$

取$\|T\|$比值的最小值，这样将$\|T\|$定义为系统的范数。

设$x \in H, x = x_1 + x_2$，其中$x_1 \in \mathrm{Im}U, x_2 = \mathrm{Im}U^{\perp}$，$x_1, x_2$互为正交空间，跟据框架定义有

$$\frac{\left\|\tilde{U}^{-1} x\right\|}{\|x\|} = \frac{\left\|\tilde{U}^{-1} x_1\right\|}{\|x\|} = \frac{\left\|\bar{U}^{-1} x_1\right\|}{\|x\|} \leqslant \frac{\left\|\bar{U}^{-1} x\right\|}{\|x\|} \tag{4-11}$$

其中$\tilde{U}^{-1} x = \tilde{U}^{-1}(x_1 + x_2) = \tilde{U}^{-1} x_1 + \tilde{U}^{-1} x_2$，而根据伪逆与左逆的定义有$\tilde{U}^{-1} x = \bar{U}^{-1} x$，其中$\tilde{U}^{-1}$表示伪逆，$\bar{U}^{-1}$表示左逆。如果$x = Uf$，则有

$$\frac{\left\|\tilde{U}^{-1} x\right\|}{\|x\|} = \frac{\left\|\tilde{U}^{-1} Uf\right\|}{\|Uf\|} = \frac{\|f\|}{\|Uf\|} \tag{4-12}$$

又有$A\|f\|^2 \leqslant |< f, \phi_n >|^2$，可知

$$\left\|\tilde{U}^{-1}\right\| \leqslant \frac{1}{\sqrt{A}} \tag{4-13}$$

### 4.2.3 对偶框架

定义：若$\{\varphi_n\}$为框架，其界为 A，B。由$\varphi_n = (U \cdot U)^{-1} \varphi_n$定义为对偶框架，满足：

对 $f \in H$，$\frac{1}{B}\|f\|^2 \leqslant \sum_{n \in \Gamma} \left|\left\langle f, \tilde{\varphi}_n \right\rangle\right|^2 \leqslant \frac{1}{A}\|f\|^2$ 和 $f = U^{-1}Uf = \sum_{n \in \Gamma} \left|\left\langle f, \varphi_n \right\rangle\right| \tilde{\varphi}_n$

若框架是紧的，则 $\tilde{\varphi}_{\mathrm{n}}=\frac{1}{A}\varphi_{\mathrm{n}}$，那么对对偶框架的证明如下。

证明：对任意 $x\in H\ \ f\in H$，有

$$\begin{aligned}\left\langle U^{*}x(n),f\right\rangle&=\left\langle x(n),f\right\rangle\\&=\sum_{n\in\Gamma}x(n)\left\langle f,\varphi_{n}\right\rangle^{*}\\&=\sum_{n\in\Gamma}x(n)\left\langle\varphi_{n},f\right\rangle\\&=\left\langle\sum_{n\in\Gamma}x(n)\varphi_{n},f\right\rangle\end{aligned}\tag{4-14}$$

$$\therefore U^{*}x(n)=\sum_{n\in\Gamma}x(n)\varphi_{n}\tag{4-15}$$

$$\begin{aligned}\tilde{U}^{-1}x(n)&=(U^{*}U)^{-1}U^{*}x(n)\\&=(U^{*}U)^{-1}\sum_{n\in\Gamma}x(n)\varphi_{n}\\&=\sum_{n\in\Gamma}x(n)\tilde{\varphi}_{n}\end{aligned}\tag{4-16}$$

如果取 $x(n)=\left\langle f,\varphi_{n}\right\rangle=Uf$

$$\tilde{U}^{-1}Uf=f=\sum_{n\in\Gamma}\left\langle f,\varphi_{n}\right\rangle\tilde{\varphi}_{n}\tag{4-17}$$

$$\begin{aligned}\left\langle f,g\right\rangle&=\left\langle\sum_{n\in 1}\left\langle f,\varphi_{n}\right\rangle\tilde{\varphi}_{n},g\right\rangle\\&=\sum_{n\in 1}\left\langle\left\langle f,\varphi_{n}\right\rangle\tilde{\varphi}_{n},g\right\rangle\\&=\sum_{n\in 1}\left\langle f,\varphi_{n}\right\rangle\left\langle\tilde{\varphi}_{n},g\right\rangle\\&=\sum_{n\in 1}\left\langle f,\left\langle\tilde{\varphi}_{n},g\right\rangle^{*}\varphi_{n}\right\rangle\\&=\left\langle f,\sum_{n\in 1}\left\langle g,\tilde{\varphi}_{n}\right\rangle\varphi_{n}\right\rangle\end{aligned}\tag{4-18}$$

$$\therefore g=\sum_{n\in 1}\left\langle g,\tilde{\varphi}_n\right\rangle\varphi_n$$

$$U^*Ug=\sum_{n\in 1}\langle g,\varphi_n\rangle\varphi_n$$

$$\left\langle U^*Uf,f\right\rangle=\sum_{n\in 1}\langle f,\varphi_n\rangle\langle\varphi_n,f\rangle \tag{4-19}$$

$$=\sum_{n\in 1}\left|\langle f,\varphi_n\rangle\right|^2$$

$$A\|f\|^2\leqslant\sum_{n\in 1}\left|\langle f,\varphi_n\rangle\right|^2\leqslant B\|f\|^2$$

当框架为紧的时，有

$$\left\langle U^*Uf,f\right\rangle=A\|f\|^2$$

$$\left(U^*U\right)^{-1}f=\sum_{n\in 1}\left\langle f,\tilde{\varphi}_n\right\rangle\tilde{\varphi}_n$$

$$\left\langle\left(U^*U\right)^{-1}f,f\right\rangle=\sum_{n\in 1}\left\langle f,\tilde{\varphi}_n\right\rangle\left\langle\tilde{\varphi}_n,f\right\rangle \tag{4-20}$$

$$=\sum_{n\in 1}\left|\left\langle f,\tilde{\varphi}_n\right\rangle\right|^2$$

$$\frac{1}{B}\|f\|^2\leqslant\left\langle\left(U^*U\right)^{-1}f,f\right\rangle\leqslant\frac{1}{A}\|f\|^2$$

证明思路：$\boldsymbol{C}^T\boldsymbol{C}_X$（$\boldsymbol{C}^T\boldsymbol{C}$ 为方阵，$\boldsymbol{x}$ 为列向量）

$$A\|x\|^2\leqslant\left\langle\boldsymbol{C}^T\boldsymbol{C}_x,\boldsymbol{x}\right\rangle=\boldsymbol{x}^T\boldsymbol{C}^T\boldsymbol{C}_x\leqslant B\|\boldsymbol{x}\|^2 \tag{4-21}$$

### 4.2.4 双正交基（Riesz 基）

在有些情况下，基之间并不满足正交关系，因此需要引入对偶基的概念。因此，在希尔伯特空间中，若存在基 $\varphi_n$ 与对偶基 $\tilde{\varphi}_n$，它们本身不正交，但彼此正交，即

$$<\varphi_n,\tilde{\varphi}_n>=\delta \tag{4-22}$$

则称基 $\varphi_n$ 与对偶基 $\tilde{\varphi}_n$ 是双正交的。例如图 4-3 所示：

图 4-3 中，$\varphi_1 \perp \tilde{\varphi}_2$，$\varphi_2 \perp \tilde{\varphi}_1$ 存在关系 $<\varphi_1, \tilde{\varphi}_1> = <\varphi_2, \tilde{\varphi}_2> = 1$

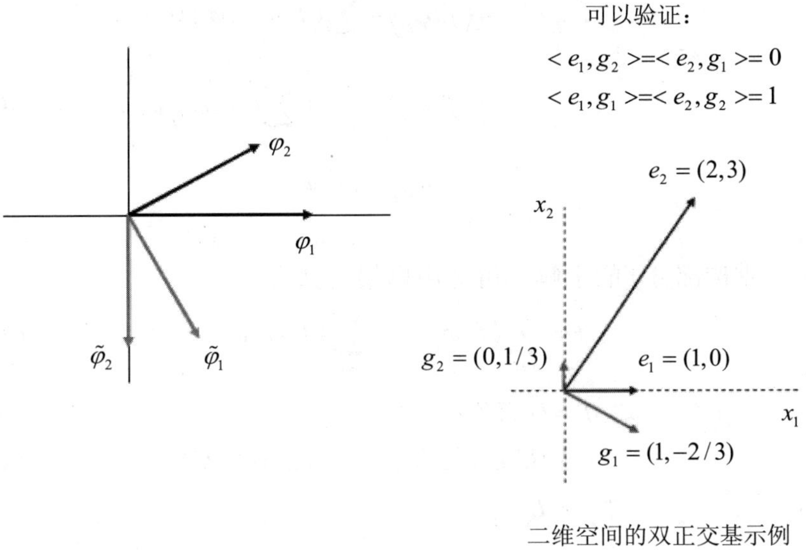


图 4-3　二维空间双正交基

在双正交基中正交系中个分量之间线性独立，存在帕斯瓦尔公式，即函数能量等于函数展开式系数的平方和。双正交基也叫作 Riesz 基，其也是一个框架，但其要求比一般的框架更严格，即 $\varphi_n$ 和 $\tilde{\varphi}_n$ 是线性独立的，并构成双正交关系。

## 4.3　部 分 重 构

如果 $\varphi_n$ 是 $H$ 子空间 $V$ 的框架，则从 $\langle f, \varphi_n \rangle$ 完全重构 $f$ 是不可能的，此时从 $\langle f, \varphi_n \rangle$ 重构的部分 $f$，记为 $f_v$，则 $f_v$ 为 $f$ 在 $v$ 的正交投影，可以表示为式(4-23)

$$f_v = U^{-1}Uf = \sum_{n \in 1} \langle f, \varphi_n \rangle \varphi_n$$

$$\begin{aligned}\left\langle f-f_v,\varphi_\rho\right\rangle&=\left\langle f-\sum_{n\in 1}\left\langle f,\varphi_n\right\rangle\varphi_n,\varphi_\rho\right\rangle\\&=\left\langle f,\varphi_\rho\right\rangle-\sum_{n\in 1}\left\langle f,\varphi_n\right\rangle\left\langle\varphi_n,\varphi_\rho\right\rangle\\&=\left\langle f,\varphi_\rho\right\rangle-\left\langle f-\sum_{n\in 1}\left\langle\varphi_n,\varphi_\rho\right\rangle\varphi_n\right\rangle\\&=\left\langle f,\varphi_\rho\right\rangle-\left\langle f,\varphi_\rho\right\rangle\\&=0\end{aligned}\tag{4-23}$$

对于重构部分 $f$ 的求解，可利用框架定义得

$$f=\sum_{n\in\Gamma}\langle f,\varphi_n\rangle\tilde{\varphi}_n=\sum_{n\in\Gamma}\langle f,\tilde{\varphi}_n\rangle\tilde{\varphi}_n\tag{4-24}$$

$$\begin{aligned}f&=\tilde{U}^{-1}Uf\\&=(U^*U)^{-1}U^*Uf\qquad(L=U*U)\\&=L^{-1}Lf\end{aligned}\tag{4-25}$$

设 $g=Lf$

则 $f=L^{-1}g$ 外推法求解 $f$ 。

## 思考题与讨论题

1. 请分析说明在希尔伯特空间中定义线性、距离和内积的概念，这些概念对研究和分析信号时有那些用途？

2. 请解释什么是希尔伯特空间？在怎样的内积定义下其可以成为一个希尔伯特空间？

3. 设 $P_1,P_2$ 为可交换的投影算子，试证明：$P_1+P_2-P_1P_2$ 也是投影算子。

4. 请解释什么是框架？框架在信号的变换中有何作用？什么是紧框架？

# 第 5 章　短时傅里叶变化

傅里叶变换是信号处理中的重要方法，它架起了时间域和频率域之间的桥梁，在传统的信号分析和处理中发挥了极其重要的作用。但是，正如前面的讨论，由于在傅里叶变换中基函数是复正弦，缺少时域定位功能，因此我们只能把傅里叶变换看成是一种整体变换，即对信号的表征要么完全在时域内，要么完全在频域内。傅里叶变换不能告诉人们在某段时间里发生了什么变化，但是在实际信号处理中，往往需要分析和处理的信号是时变的或非平稳的，例如人们感兴趣的非平稳（或者瞬变）特性，有信号的趋势项，信号的突然变换以及信号的开始或结束。在这种情况下，只了解信号在时域或频域的全部特性是远远不够的。最希望得到信号频谱随时间的变换，因此，需要信号时间和频率的联合函数来表征。本章将讨论短时傅里叶变换的定义与它的时频特性，它是连续傅里叶变换和小波变换之间的桥梁。

## 5.1　时 频 原 子

时频原子是具有时频局部化特性的基本信号分析单元，一般我们把它记为：$\phi_r(t)$。对于时频原子，它具有在线性时频变换中的时频局部化特点。我们假定 $f(t)$ 是能量信号，即 $\int_{-\infty}^{+\infty}|f(t)|^2\mathrm{d}t<\infty$，则对 $f(t)$ 的线性变换有

$$\begin{aligned} Tf_r(t) &= \int_{-\infty}^{+\infty} f(t)\phi_r^*(t)\mathrm{d}t = < f(t),\phi_r(t) > \\ &= \frac{1}{2\pi}\int_{-\infty}^{+\infty} \hat{f}(\omega)\,\hat{\phi}_r^*\,\mathrm{d}\omega \end{aligned} \tag{5-1}$$

其中有 $f(t)\xleftrightarrow{\text{FT}}\hat{f}(\omega),\phi_r(t)\xleftrightarrow{\text{FT}}\hat{\phi}_r(\omega)$

式中，$\phi_r(t)$ 也是能量有限的，下标 $r$ 表示可以是参数集，如果 $\phi_r(t)$ 在时刻点 $u$ 的某个领域外为零，则 $Tf_r(t)$ 取决于 $f(t)$ 在这个领域的值。如果时频原子在频率上是集中于某个频率点 $\xi$，而在该频率点外的频率可以被忽略，则从频率角度上看，$Tf_r(t)$ 仅与信号 $f(t)$ 的频谱在该领域的值有关。

如果所选择的时频原子的能量在时间上集中在某个时刻点，同时在频率上集中在某个频率点，则线性时频变换的结果必然精确反应原始信号在某个时刻点和某个频率点上信息，我们把它称为最高的时频分辨率。时频原子的分辨率受如下两个结论的限制：

（1）测不准原理

（2）不存在同时具有时限和频限的时频原子

在讨论这两个结论之前，我们先看下时频原子 $\phi_r(t)$ 的时频结构，即对时频局部化的定量描述。

设：$\|\phi_r(t)\|=1$，且 $\phi_r(t)\xleftrightarrow{\text{FT}}\hat{\phi}(\omega)$，对于 $\phi_r(t)$ 的四个时频参数可以表示为

$$u_r=\int_{-\infty}^{+\infty}t\left|\phi_r(t)\right|^2\mathrm{d}t\text{的时域能量分布中心（均值时间）}$$

$$\sigma_t^2(r)=\int_{-\infty}^{+\infty}(t-u)^2\left|\phi_r(t)\right|^2\mathrm{d}t\text{的时域能量分布范围（时宽）}$$

$$\xi_r=\int_{-\infty}^{+\infty}\omega\left|\hat{\phi}_r(\omega)\right|^2\mathrm{d}\omega\text{的频域能量分布中心（均值频率）}$$

$$\sigma_\omega^2(r)=\frac{1}{2\pi}\int_{-\infty}^{+\infty}(\omega-\xi)^2\left|\hat{\phi}_r(\omega)\right|^2\mathrm{d}\omega\text{的频域能量分布范围（频宽）}$$

因此我们可以用 $(u_r,\xi_r)$ 为中心，时宽为 $\sigma_t(r)$，频宽为 $\sigma_\omega(r)$ 的时频盒：*heisenberg-box*，如图 5-1 所示，定量表示 $\phi_r(t)$ 的时频分辨率。

根据前面章节讨论的测不准定理，*heisenberg-box* 的面积至少要大于 $1/2$，即 $\sigma_t\sigma_\omega\geqslant 1/2$。在 *heisenberg-box* 所处的位置以外的地方并不能表示该时频原子就没有能量分布，*heisenberg-box* 只是代表了该时频原子的大部分能量集中的位置和区域。

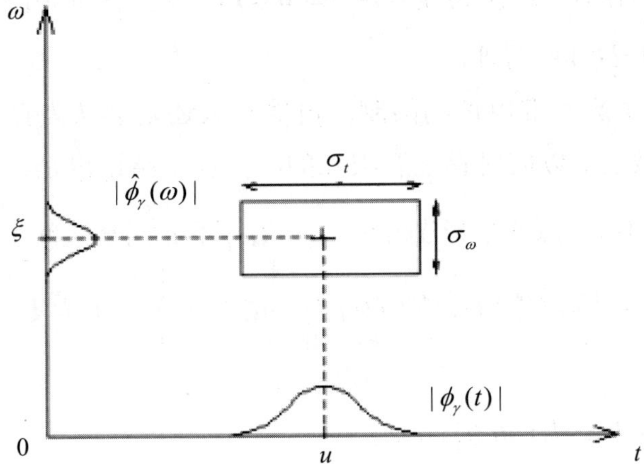


图 5-1 heisenberg-box 图示

证明，对于 $\sigma_t^2\sigma_\omega^2 \geqslant \frac{1}{4}$，当且仅当 $f(t)=a\mathrm{e}^{-b(t-u)^2}\mathrm{e}^{i\xi t}$ 时，等号成立。

假定 $\lim\limits_{|t|\to\infty}\sqrt{t}f(t)=0$，不失一般性，只证明定理在 $u=\xi$ 时成立：

$$\begin{aligned}\sigma_t^2\sigma_\omega^2 &= \frac{1}{2\pi\|f\|^4}\int_{-\infty}^{+\infty}|tf(t)|^2\,\mathrm{d}t\cdot\int_{-\infty}^{+\infty}\left|\omega\hat{f}(\omega)\right|^2\mathrm{d}\omega\\ &=\frac{1}{\|f\|^4}\int_{-\infty}^{+\infty}|tf(t)|^2\,\mathrm{d}t\cdot\int_{-\infty}^{+\infty}|f'(t)|^2\,\mathrm{d}t\end{aligned}$$

（帕斯瓦尔定理及傅里叶变换） (5-2)

在根据 Cauchy-Schwarz 不等式，有

$$\begin{aligned}\sigma_t^2\sigma_\omega^2 &\geqslant \frac{1}{\|f\|^4}\left[\int_{-\infty}^{+\infty}\left|tf'(t)f^*(t)\right|\mathrm{d}t\right]^2\\ &\geqslant\frac{1}{\|f\|^4}\left[\int_{-\infty}^{+\infty}\frac{t}{2}[f'(t)f^*(t)+f'^*(t)f(t)]\mathrm{d}t\right]^2\\ &\geqslant\frac{1}{\|f\|^4}\left[\int_{-\infty}^{+\infty}t\left|f(t)\right|^2\mathrm{d}t\right]^2\\ &=\frac{1}{4}\end{aligned} \tag{5-3}$$

考虑到 $\lim\limits_{|t|\to\infty}\sqrt{t}f(t)=0$，由分部积分和 Cauchy-Schwarz 不等式成立的

条件，有：存在 $b$ 使得 $f'(t)=-2btf(t)$，进一步推出存在 $a$，使得 $f(t)=a\exp(-bt^2)$，得证。

尽管有了测不准原理的限制，可能有人还是会认为存在某个信号在时间-频率域上可以同时存在有限长的，但这个结论也是不成立的。

证明如果 $f(t)\neq 0$ 是紧支撑的，则 $\hat{f}(\omega)$ 不能在某区间上为 0；类似的，如果 $\hat{f}(\omega)\neq 0$ 是紧支撑的，则 $f(t)$ 也不能在某区间上为零。

证明：

设 $\hat{f}(\omega)$ 支集为 $[-b,b]$，则

$$f(t)=\frac{1}{2\pi}\int_{-b}^{+b}\hat{f}(\omega)\exp(\mathrm{i}\omega t)\mathrm{d}\omega$$

如果 $t\in[c,d]$ 时，$f(t)=0$，则在点 $t_0=(c+d)/2$ 处将上式两边微分 $n$ 次得到

$$f^{n}(t_0)=\frac{1}{2\pi}\int_{-b}^{+b}\hat{f}(\omega)(\mathrm{i}\omega)^n\exp(\mathrm{i}\omega t_0)\mathrm{d}\omega=0 \tag{5-4}$$

因为存在 $f(t)=\frac{1}{2\pi}\int_{-b}^{+b}\hat{f}(\omega)\exp(\mathrm{i}\omega(t-t_0))\exp(\mathrm{i}\omega t_0)\mathrm{d}\omega$，将 $\exp(i\omega(t-t_0))$ 展开成无穷级数有

$$f(t)=\frac{1}{2\pi}\sum_{n=0}^{+\infty}\frac{[\mathrm{i}(t-t_0)]^n}{n!}\int_{-b}^{+b}\hat{f}(\omega)\omega^n\exp(\mathrm{i}\omega t_0)\mathrm{d}\omega=0 \tag{5-5}$$

这与 $f(t)\neq 0$ 矛盾，从而证明了如果 $f(t)\neq 0$ 是紧支撑的，则 $\hat{f}(\omega)$ 不能在某区间上为 0。类似的可以证明如果 $\hat{f}(\omega)\neq 0$ 是紧支撑的，则 $f(t)$ 也不能在某区间上为零。

## 5.2 时频能量密度

我们对信号的时频能量密度的度量通常用式(5-6)表示

$$P_{\phi}f(u,\xi)=\left|<f,\phi_r(t)>\right|^2=\left|\int_{-\infty}^{+\infty}f(t)\phi_r^*(t)\mathrm{d}t\right|^2 \tag{5-6}$$

式（5-6）度量了信号的能量在以$(u,\xi)$为中心的时频领域内的分布。

# 5.3 短时傅里叶变化

## 5.3.1 短时傅里叶变换的时频原子

取 $\phi_r(t)=g(t-u)e^{j\xi t}$ 作为短时傅里叶变换的时频原子，其中 $g(t)=g(-t)$ 实偶函数，且$\|g(t)\|^2=1$。信号的短时傅里叶变换时域记为

$$Sf(u,\xi)=\int_{-\infty}^{+\infty}f(t)\phi_r^*\mathrm{d}t=\int_{-\infty}^{+\infty}f(t)g(t-u)\mathrm{e}^{-\mathrm{j}\xi t}\mathrm{d}t \tag{5-7}$$

根据：$u_0=\int_{-\infty}^{+\infty}t|g(t)|^2\,\mathrm{d}t$，$\sigma_{\mathrm{t}}^2=\int_{-\infty}^{+\infty}(t\text{-}u_0)^2|g(t)|^2\,\mathrm{d}t$，则短时傅里叶变换的时间中心点，即能量中心点为

$$\begin{aligned}\int_{-\infty}^{+\infty}t\left|g(t-u)\mathrm{e}^{\mathrm{j}\xi t}\right|^2\mathrm{d}t&=\int_{-\infty}^{+\infty}t|g(t-u)|^2\mathrm{d}t\\&=\int_{-\infty}^{+\infty}(t-u)|g(t-u)|^2\,\mathrm{d}t+\int_{-\infty}^{+\infty}u|g(t-u)|^2\,\mathrm{d}t\\&=u_0+u\end{aligned} \tag{5-8}$$

短时傅里叶变换的能量时宽为

$$\begin{aligned}&\int_{-\infty}^{+\infty}\left[t-\left(u_0+u\right)\right]^2\left|g(t-u)\mathrm{e}^{\mathrm{j}\xi t}\right|^2\mathrm{d}t=\int_{-\infty}^{+\infty}\left[t-\left(u_0+u\right)\right]^2|g(t-u)|^2\,\mathrm{d}t\\&\overset{\lambda=t-u}{=}\int_{-\infty}^{+\infty}(\lambda-u_0)^2|g(\lambda)|^2\,\mathrm{d}\lambda=\sigma_{\mathrm{t}}^2\end{aligned} \tag{5-9}$$

在频域方面：

$$\begin{aligned}\sigma_\omega^2&=\frac{1}{2\pi}\int_{-\infty}^{+\infty}(\omega-\omega_0)^2\left|\hat{g}(\omega)\right|^2\mathrm{d}\omega\\&=\frac{1}{2\pi}\int_{-\infty}^{+\infty}\omega^2\left|\hat{g}(\omega)\right|^2\mathrm{d}\omega\end{aligned} \tag{5-10}$$

在短时傅里叶变换中存在：$\phi_r(t)=g(t-u)\mathrm{e}^{\mathrm{j}\xi t}$，而根据傅里叶变换有

$$g(t-u)\xleftrightarrow{\mathrm{FT}}\mathrm{e}^{\mathrm{j}\xi u}\hat{g}(\omega) \tag{5-11}$$

$$g(t-u)e^{j\xi t} \xleftrightarrow{\text{FT}} \hat{g}(\omega-\xi)e^{-ju(\omega-\xi)} \tag{5-12}$$

例：如果 $f(t)=e^{j\omega_0 t}$，通过傅里叶变换有 $f(t)\xleftrightarrow{\text{FT}}2\pi\delta(\omega-\omega_0)$，则 $f(t)$ 的短时傅里叶变换为

$$\begin{aligned} Sf(u,\xi) &= \int_{-\infty}^{+\infty} f(t)g(t-u)e^{-j\xi t}dt \\ &= \frac{1}{2\pi}\int_{-\infty}^{+\infty} \hat{f}(\omega)\hat{g}(\omega-\xi)e^{-ju(\omega-\xi)}d\omega \\ &= \hat{g}(\omega_0-\xi)e^{-ju(\omega_0-\xi)} \end{aligned} \tag{5-13}$$

$f(t)$ 通过短时傅里叶变换后，频域范围为$\left[\omega_0-\frac{\sigma_\omega}{2},\omega_0+\frac{\sigma_\omega}{2}\right]$。

### 5.3.2 能量关系

存在信号 $f(t)$，有 $\int_{-\infty}^{+\infty}|f(t)|^2<+\infty$，短时傅里叶变换的正变换为

$$Sf(u,\xi)=\int_{-\infty}^{+\infty} f(t)g(t-u)e^{-j\xi t}dt \tag{5-14}$$

短时傅里叶变换的反变换为

$$f(t)=\frac{1}{2\pi}\int_{-\infty}^{+\infty}\int_{-\infty}^{+\infty}|Sf(u,\xi)g(t-u)|^2 e^{j\xi t}dud\xi \tag{5-15}$$

又由于

$$\begin{aligned} Sf(u,\xi) &= \int_{-\infty}^{+\infty} f(t)g(t-u)e^{-j\xi t}dt \\ &= e^{-j\xi t}\int_{-\infty}^{+\infty} f(t)g(t-u)e^{-j\xi(t-u)}dt \\ &= e^{-j\xi t}\{f(u)*[g(u)e^{j\xi u}]\} \end{aligned} \tag{5-16}$$

根据傅里叶变换

$$f(t)\xleftrightarrow{\text{FT}}\hat{f}(\omega), g(t)\xleftrightarrow{\text{FT}}\hat{g}(\omega), g(t)e^{j\xi t}\xleftrightarrow{\text{FT}}\hat{g}(\omega-\xi)$$

有

$$e^{-j\xi t}\{f(u)*[g(u)e^{j\xi u}]\}\xleftrightarrow{\text{FT}}\hat{f}(\omega+\xi)\hat{g}(\omega) \tag{5-17}$$

故连续信号的短时傅里叶变换可以表示为

$$Sf(u,\xi)\xleftrightarrow{\text{FT}}\hat{f}(\omega+\xi)\hat{g}(\omega) \tag{5-18}$$

存在能量关系：

$$\begin{aligned}\|f(t)\|^2 &= \int_{-\infty}^{+\infty}|f(t)|^2 \mathrm{d}t \\ &= \frac{1}{2\pi}\int_{-\infty}^{+\infty}\int_{-\infty}^{+\infty}|Sf(u,\xi)|^2 \mathrm{d}u\mathrm{d}\xi \\ &= \frac{1}{(2\pi)^2}\int_{-\infty}^{+\infty}\int_{-\infty}^{+\infty}\left|\hat{f}(\omega+\xi)\hat{g}(\omega)\right|^2 \mathrm{d}\omega\mathrm{d}\xi\end{aligned} \tag{5-19}$$

证明能量关系：

$$\int_{-\infty}^{+\infty}|f(t)|^2 \mathrm{d}t = \frac{1}{2\pi}\int_{-\infty}^{+\infty}\int_{-\infty}^{+\infty}|Sf(u,\xi)|^2 \mathrm{d}u\mathrm{d}\xi = \|f(t)\|^2 \tag{5-20}$$

证明：$\because \|f(t)\|^2 = 1$

$\therefore \int_{-\infty}^{+\infty}|g(t)|^2 \mathrm{d}z = 1$

$\therefore \frac{1}{2\pi}\int_{-\infty}^{+\infty}|g(w)|^2 \mathrm{d}w = 1$

又$\because \int_{-\infty}^{+\infty}|g(t-u)|^2 \mathrm{d}t = \frac{1}{2\pi}\int_{-\infty}^{+\infty}|g(w)|^2 \mathrm{d}w$

$\therefore |g(w)|^2 = 2\pi$

所以有

$$\int_{-\infty}^{+\infty}|f(t)|^2 \mathrm{d}t = \int_{-\infty}^{+\infty}\left(\frac{1}{2\pi}\right)^2\int_{-\infty}^{+\infty}\int_{-\infty}^{+\infty}|Sf(u,\xi)|^2\left|g(t-u)\mathrm{e}^{\mathrm{j}\xi t}\right|^2 \mathrm{d}u\mathrm{d}\xi\mathrm{d}t$$

$$=\int_{-\infty}^{+\infty}\int_{-\infty}^{+\infty}\left(\frac{1}{2\pi}\right)^2|Sf(u,\xi)|^2\left|g(t-u)^2\right|\mathrm{d}u\mathrm{d}\xi\mathrm{d}t$$

$$=\left(\frac{1}{2\pi}\right)^3\int_{-\infty}^{+\infty}\int_{-\infty}^{+\infty}\left|\hat{f}(\omega+\xi)\hat{g}(\omega)\right|^2 \mathrm{d}\omega\mathrm{d}\xi\times 2\pi$$

$$=\frac{1}{(2\pi)^2}\int_{-\infty}^{+\infty}\int_{-\infty}^{+\infty}\left|\hat{f}(\omega+\xi)\hat{g}(\omega)\right|^2 \mathrm{d}\omega\mathrm{d}\xi$$

$$=\frac{1}{2\pi}\int_{-\infty}^{+\infty}\int_{-\infty}^{+\infty}|Sf(u,\xi)|\mathrm{d}u\mathrm{d}\xi$$

原式证毕。

从前面小节的讨论中我们知道信号的短时傅里叶变换可以表示为

$$Sf(u,\xi)=\int_{-\infty}^{+\infty}f(t)g(t-u)\mathrm{e}^{-\mathrm{j}\xi t}\mathrm{d}t \tag{5-21}$$

$$=\left\langle f(t),g(t-u)\mathrm{e}^{-\mathrm{j}\xi t}\right\rangle$$

$$=\left\langle f(t),g_{u\xi}(t)\right\rangle$$

其中：$g(t-u)\mathrm{e}^{\mathrm{j}\xi t}(t)=\mathrm{g}_{u\xi}(t)$。信号的短时傅里叶变换为

$$f(t)=\frac{1}{2\pi}\int_{-\infty}^{+\infty}\int_{-\infty}^{+\infty}Sf(u,\xi)g(t-u)\mathrm{e}^{\mathrm{j}\xi t}\mathrm{d}u\mathrm{d}\xi \tag{5-22}$$

$$=\frac{1}{2\pi}\int_{-\infty}^{+\infty}\int_{-\infty}^{+\infty}\left\langle f(t),g_{u\xi}(t)\right\rangle g_{u\xi}(t)\mathrm{d}u\mathrm{d}\xi$$

因此信号 $f(t)$ 与一个以 $u$ 为中心的“分析窗” $g(t-u)$ 做内积，信号变为 2 维后存在冗余度。如果 $\phi(u,\xi)\in L^2(R^2)$ 那么存在 $f(t)\in L^2(R)$，使得 $\phi(u,\xi)=Sf(u,\xi)$ 的充分必要条件为

$$\phi(u_0,\xi_0)=\frac{1}{2\pi}\int_{-\infty}^{+\infty}\int_{-\infty}^{+\infty}\phi(u,\xi)\left\langle g_{u\xi},g_{u_0\xi_0}\right\rangle\mathrm{d}u\mathrm{d}\xi=Sf(u_0,\xi_0) \tag{5-23}$$

证明：

必要性：假定 $\phi(u,\xi)=Sf(u,\xi)$

$$\begin{aligned}\phi(u_0,\xi_0)&=\frac{1}{2\pi}\int_{-\infty}^{+\infty}\int_{-\infty}^{+\infty}\phi(u,\xi)\left\langle g_{u\xi},g_{u_0\xi_0}\right\rangle\mathrm{d}u\mathrm{d}\xi\\&=\frac{1}{2\pi}\int_{-\infty}^{+\infty}\int_{-\infty}^{+\infty}Sf(u,\xi)\left\langle g_{u\xi},g_{u_0\xi 0}\right\rangle\mathrm{d}u\mathrm{d}\xi\\&=\frac{1}{2\pi}\int_{-\infty}^{+\infty}\int_{-\infty}^{+\infty}Sf(u,\xi)\int_{-\infty}^{+\infty}g(t-u_0)e^{-j\xi t}g(t-u)e^{-j\xi t}\mathrm{d}t\mathrm{d}u\mathrm{d}\xi\\&=\frac{1}{2\pi}\int_{-\infty}^{+\infty}\int_{-\infty}^{+\infty}\int_{-\infty}^{+\infty}Sf(u,\xi)g(t-u_0)e^{-j\xi t}g(t-u)e^{-j\xi t}\mathrm{d}t\mathrm{d}u\mathrm{d}\xi\\&=\int_{-\infty}^{+\infty}f(t)g(t-u_0)\mathrm{e}^{-\mathrm{j}\xi t}\mathrm{d}t\\&=Sf(u_0,\xi_0)\end{aligned}$$

通常令 $K(u_0,u,\xi_0,\xi)=\left\langle g_{u\psi},g_{u_0\xi_0}\right\rangle$，并称 $K(u_0,u,\xi_0,\xi)$ 为再生核。该性质表明：并不是所有的能量有限的二维信号都是某个一维能量有限信号的短时傅里叶变换，即如图 5-2 所示。

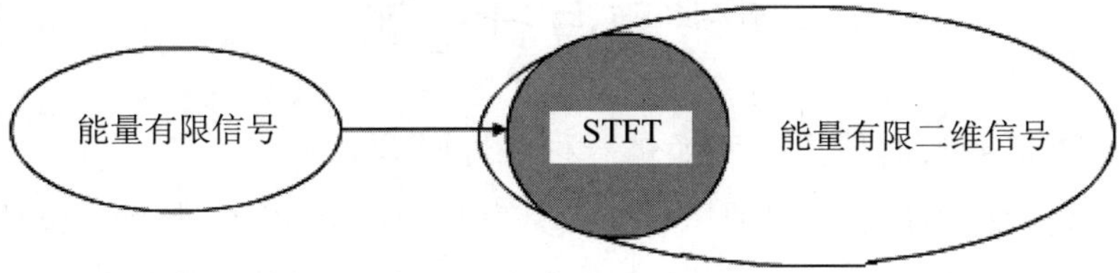


图 5-2　信号能量关系

## 5.4　离散短时傅里叶变化

对于离散序列的短时傅里叶变换可用离散短时傅里叶变换表示，信号的傅里叶变换为

$$f(n)\xleftrightarrow{\text{DFT}}F(\mathrm{e}^{\mathrm{j}\omega})=\sum_{-\infty}^{+\infty}f(n)\mathrm{e}^{-\mathrm{j}nw} \tag{5-24}$$

$$f(t)\xleftrightarrow{\text{FT}}F(\mathrm{j}\Omega)=\int_{-\infty}^{+\infty}f(t)\mathrm{e}^{-\mathrm{j}\Omega t}\mathrm{d}t \tag{5-25}$$

对于连续信号的短时傅里叶变换为

$$f(t)\xleftrightarrow{\text{SFT}}Sf(u,\xi)=\int_{-\infty}^{+\infty}f(t)g(t,\xi)\mathrm{e}^{-\mathrm{j}\xi t}\mathrm{d}\xi=\left\langle f(t),g(t,\xi)\mathrm{e}^{-\mathrm{j}\xi t}\right\rangle \tag{5-26}$$

同理有离散信号的短时傅里叶变换为

$$Sf(m,\omega)=\sum_{-\infty}^{+\infty}f(n)g(n-mM)\mathrm{e}^{\mathrm{j}n\omega}\text{，其中 }M\in\mathbf{Z}\text{。} \tag{5-27}$$

式中 $m$ 为窗函数 $g(n)$的位移长度。离散傅里叶变换在频率上离散。有

$$Sf(m,k)=\sum_{n=0}^{N-1}f(n)g(n-mM)\mathrm{e}^{-\mathrm{j}\frac{2\pi}{N}nk} \tag{5-28}$$

$$f(n)=\frac{1}{n}\sum_{M}\sum_{n=0}^{N-1}Sf(m,k)\mathrm{e}^{\mathrm{j}\frac{2\pi}{N}nk} \tag{5-29}$$

式(5-29)中 $m$ 的求证范围取决于 $f(n)$ 的长度及窗函数的移动长度 $M$。

# 思考题与讨论题

1．试证明短时傅里叶变换是一种线性时频表示。

2．请解释为什么短时傅里叶变换具有时间定位功能和频率定位功能？

3．试证明在什么情况下短时傅里叶变换与傅里叶变换等价？

4．试解释为什么短时傅里叶结果中存在冗余，冗余是怎样产生的？

5．请求信号 $s(t)=\mathrm{e}^{\mathrm{j}\omega t}$ 的短时傅里叶变换。

# 第6章 小波变化基础

短时傅里叶变换采用固定的滑动窗函数对信号进行分析，从而表征信号的局部频率特性。短时傅里叶变换是以等宽的窗函数对非平稳信号进行分析，得到不同时间下的信号频率分布。虽然短时傅里叶变换在时域和频域上对信号都具有定位功能，但是它不能自动调整分析窗的时宽和频宽，来自适应信号的变换。正因为如此，小波分析方法的提出是傅里叶分析发展史上里程碑式的进展，是近年来发展起来的新兴学科。小波变换在时频平面的不同位置，具有不同的分辨率，是一种多分辨分析方法，因此小波分析被称为“数学显微镜”。目前小波分析方法的应用范围包括数学领域的许多学科如信号分析、图像处理、量子力学、电子对抗、通讯中的阵列信号处理、计算机识地震勘探数据处理、故障诊断等许多方面。

## 6.1 小波时频原子

小波时频原子$\phi_r(t)$可以表示成

$$\begin{aligned}\phi_r(t)&=\psi_{a,b}(t)\\&=\frac{1}{\sqrt{a}}\psi(t-b/a)\end{aligned}\tag{6-1}$$

式(6-1)中$\psi_{a,b}(t)$是窗函数$\psi(t)$的时间平移 $b$ 和尺度伸缩 $a$ 的结果。$\psi(t)\in L^2(R)$且$\int_{-\infty}^{+\infty}\psi(t)\mathrm{d}t=0$。通常$\psi(t)$是被看成一带通函数，并且它的时域波形是振荡快速衰减的。为了分析简便通常假定：$\|\psi(t)\|^2=0$即$\int_{-\infty}^{+\infty}|\psi(t)|^2\,\mathrm{d}t=0$。构造的小波时频原子$\psi_{a,b}(t)$又称为一族小波基函数或核函数。窗函数$\psi(t)$称为母小波，母小波通常满足两个特性：

（1）“小”特性：$\psi_{a,b}(t)$的能量在时间上集中在$t=0$的邻域内；

（2）“波动”特性，即$\int_{-\infty}^{+\infty}\psi(t)\mathrm{d}t=0$。

## 6.2 小 波 变 化

傅立叶变换通过对时空信号进行分段或分块进行时空频谱分析，但由于其窗口的大小是固定的，不适用于频率波动大的非平稳信号。小波分析是傅立叶分析的发展，与傅立叶变换不同，小波变换中存在表示时空位置信息的平移因子。因此，小波变换是一种具有多分辨分析功能的自适应时频分析方法。

连续小波变换的表达式为

$$WT_f(a,b)=<f(t),\psi_{a,b}(t)>=\frac{1}{\sqrt{a}}\int_{-\infty}^{+\infty}f(t)\psi^*\left(\frac{t-b}{a}\right)\mathrm{d}t \tag{6-2}$$

小波基函数具有尺度因子$a$和平移因子$b$两个参数。当$a$增大时，基函数$\psi_{a,b}(t)$的时间窗口也逐渐的增大，而频率窗口则逐渐的减小。根绝小波变换的定义，信号$f(t)$的小波变换$WT_f(a,b)$是$a$，$b$的函数，母小波可以是实函数，也可以是复函数。如果 $f(t)$是实信号，$\psi(t)$也是实函数，则小波变换得到的结果也是实函数。

假定所要分析的函数是任意函数$f(t)$，它不一定在空间$V_J$中，但是$f(t)$在空间$V_J$上的投影必定属于$V_J$。因此，该投影必定可以用$\{\phi_{j,k}(t),k\in Z\}$的线性组合来表示。设$p_jf(t)$代表$f(t)$在$V_J$上的投影，则有

$$p_jf(t)=\sum_k c_{j,k}\phi_{j,k}(t) \tag{6-3}$$

其中$c_{j,k}$是各线性组合的权值，其值可求得为

$$c_{j,k}=<p_jf(t),\phi_{j,k}(t)>=<f(t),\phi_{j,k}(t)> \tag{6-4}$$

式(6-4)中$p_jf(t)$被称为$f(t)$在$V_j$中的逼近，$c_{j,k}$为$f(t)$在分辨率$j$下的离散逼近。将空间$V_j$进一步分解得到其子空间$V_{j+1}$和$W_{j+1}$，如果

$\{\phi_{j,k}(t),k\in Z\}$是空间$V_j$中的正交归一基，则$\{\phi_{j+1,k}(t),k\in Z\}$必定是$V_{j+1}$中的正交归一基，其表达式为

$$<\phi_{j+1,k}(t),\phi_{j+1,m}(t)>=\delta(k-m) \tag{6-5}$$

因此，$V_{j+1}$中的任意函数可表示为$\{\phi_{j+1,k}(t),k\in Z\}$的线性组合，设$p_{j+1}f(t)$在空间$V_{j+1}$上的投影，则有

$$p_{j+1}f(t)=\sum_k c_{j+1,k}\phi_{j+1,k}(t) \tag{6-6}$$

式(6-6)中$p_{j+1}f(t)$是在分辨率为$j$+1下所观察到的$f(t)$概貌。而$c_{j+1,k}$是其离散逼近。同理，在空间$W_j$中，如果有带通函数$\psi(t)$，其整数位移的集合$\{\psi_{j+1,k}(t),k\in Z\}$必构成$W_{j+1}$中的一组正交归一基，即

$$<\psi_{j+1,k}(t),\psi_{j+1,m}(t)>=\delta(k-m)$$

$$D_{j+1}f(t)=\sum_k d_{j+1,k}\psi_{j+1,k}(t) \tag{6-7}$$

而$V_j=V_{j+1}\oplus W_{j+1}$，故得

$$p_jf(t)=p_{j+1}f(t)+D_{j+1}f(t) \tag{6-8}$$

式(6-8)中，$D_{j+1}f(t)$表示为在分辨率$j$和$j$+1下对$f(t)$逼近的细节差异，称$D_{j+1}f(t)$是在分辨率$j$+1下的细节函数，$d_{j+1,k}$是其离散细节，其中

$$d_{j,k}=\sum_m h(m-2k)c_{j-1,k} \tag{6-9}$$

$$c_{j,k}=\sum_m g(m-2k)c_{j-1,k} \tag{6-10}$$

式(6-9)和式(6-10)表明，经$j$–1尺度空间的尺度系数和抽头长度为$2k$的$h(k)$滤波器和$g(k)$滤波器的加权求和可以得到$j$尺度空间的尺度系数和小波系数。第$j$级小波分解对应的矩阵$2^{J-j+1}\times 2^{J-j+1}$（$J$为分解层数）为

$$
\boldsymbol{W}_i=\begin{bmatrix}
h_k & \cdots & h_{2k-1} & 0 & \cdots & 0 & h_0 & \cdots & h_{k-1}\\
h_{k-2} & \cdots & h_{2k-3} & h_{2k-2} & \cdots & 0 & 0 & \cdots & h_{k-3}\\
\vdots & \cdots & \vdots & \vdots & \cdots & \vdots & \vdots & \cdots & \vdots\\
h_{k+2} & \cdots & 0 & 0 & \cdots & h_1 & h_2 & \cdots & h_{k+1}\\
g_k & \cdots & g_{2k-1} & 0 & \cdots & 0 & g_0 & \cdots & g_{k-1}\\
g_{k-2} & \cdots & g_{2k-3} & g_{2j-2} & \cdots & 0 & 0 & \cdots & g_{k-3}\\
\vdots & \cdots & \vdots & \vdots & \cdots & \vdots & \vdots & \cdots & \vdots\\
g_{k+2} & \cdots & 0 & 0 & \cdots & g_1 & g_2 & \cdots & g_{k+1}
\end{bmatrix} \tag{6-11}
$$

小波分解的矩阵表达式为

$$
\boldsymbol{W}_T=\begin{bmatrix}
\boldsymbol{W}_j & 0 & \cdots & 0\\
0 & I & \cdots & 0\\
\vdots & \vdots & \ddots & \vdots\\
0 & 0 & \cdots & I
\end{bmatrix}\times\cdots\times\begin{bmatrix}
\boldsymbol{W}_2 & 0\\
0 & I
\end{bmatrix}\times\boldsymbol{W}_1 \tag{6-12}
$$

因此，小波滤波器 $h(k)$ 和尺度滤波器 $g(k)$ 将信号分解为低频分量和高频分量，从而减小了信号的相干性，提高自适应信号处理的速度，小波算法在信号处理中相当于一组带通滤波器对信号进行滤波，在高频段具有较高的时间分辨率和较低的频率，在低频段具有较低的时间分辨率和较高的频率分辨率。

# 6.3　参数的作用

## 6.3.1　尺度因子

参数 $a$ 称之为尺度因子，它的作用是对母小波做伸缩，选择不同的 $a$ 会改变波形的宽度，但不会改变波形的形状。尺度因子 $a$ 越大，波形越宽，可以用于分析持续时间较长的低频信号，如图 6-1 所示。

假定 $\psi(t)$ 的中心为 $t_0$ 的时宽 $\Delta\psi$，则 $\psi\left(\dfrac{t}{a}\right)$ 的中心为 $at_0$ 时，时宽为 $|a|\Delta\psi$，如果 $a>1$ 则 $\psi\left(\dfrac{t}{a}\right)$ 的时宽比 $\psi(t)$ 时宽宽。设 $\psi(t)$ 的 Fourier 变换为 $\psi(\mathrm{j}\Omega)$，假定 $\psi(\mathrm{j}\Omega)$ 的中心为 $\Omega_0$，频宽为 $\sigma_\varphi$，那么 $\psi\left(\dfrac{t}{a}\right)$ 的 Fourier

变换为$|a|\psi(\mathrm{j}\Omega)$，于是$\psi(\mathrm{j}\Omega)$的中心为$\Omega_0/a$，频宽为$\dfrac{\sigma_\varphi}{|a|}$，因此如果$a>1$，则$\psi(\dfrac{t}{a})$的频宽比$\psi(t)$的频宽窄。$\psi(t)$的时频窗口面积为$\Delta\psi\sigma_\varphi$，$\psi(\dfrac{t}{a})$的时频窗口面积仍然为$\Delta\psi\sigma_\varphi$。

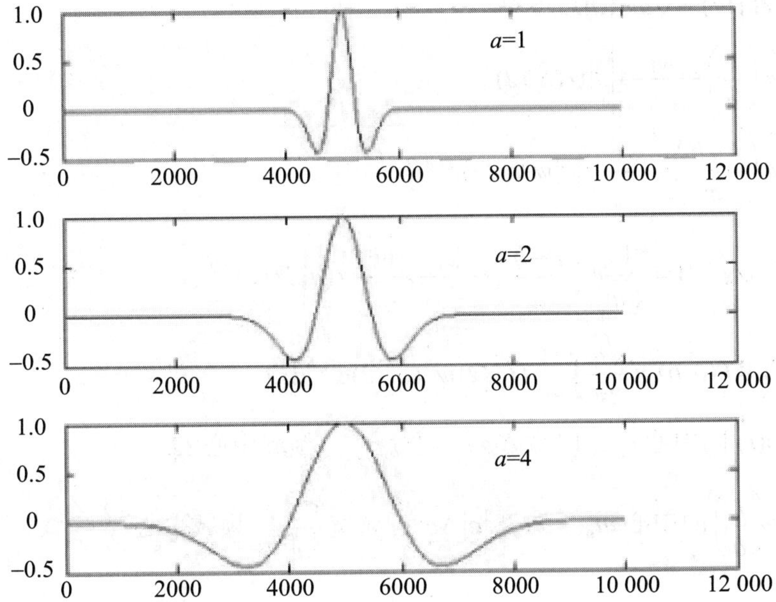


图 6-1　母小波尺度因子比较

### 6.3.2　位移因子

参数 $b$ 称为“位移因子”如果$\varphi(t)$的中心为$t_0+b$，由于$\varphi(t-b)$的 Fourier 变换为$\varphi(\mathrm{j}\Omega)\mathrm{e}^{\mathrm{j}\Omega b}$。故参数 $b$ 对$\varphi(\mathrm{j}\Omega)\mathrm{e}^{-\mathrm{j}\Omega}$的中心没有影响，显然参数 $b$ 对$\varphi(t-b)$的时宽及频宽都没有影响。

## 6.4　小波变换的时频特性

小波变换的时域表达式为式(6-13)

$$Wf(a,b)=\frac{1}{\sqrt{a}}\int_{-\infty}^{+\infty}f(t)\psi^*\left(\frac{t-b}{a}\right)\mathrm{d}t=\langle f(t),\psi_{a,b}(t)\rangle \tag{6-13}$$

其中$\psi_{a,b}(t)=\frac{1}{\sqrt{a}}\psi\left(\frac{t-b}{a}\right)$。小波变换的频域表达式为式(6-14)

$$Wf(a,b)=\frac{1}{2\pi}\langle\hat{f}(\mathrm{j}\Omega),\hat{\psi}_{a,b}(\mathrm{j}\Omega)\rangle \tag{6-14}$$

其中有

$$\hat{\psi}(\mathrm{j}\Omega)=\sqrt{a}\psi(a\mathrm{j}\Omega)\mathrm{e}^{-\mathrm{j}b\Omega}$$

$$\psi\left(\frac{t}{a}\right)\xleftrightarrow{\mathrm{WT}}|a|\hat{\psi}(a\mathrm{j}\Omega)$$

$$\psi\left(\frac{t-b}{a}\right)\xleftrightarrow{\mathrm{WT}}|a|\hat{\psi}(a\mathrm{j}\Omega)\mathrm{e}^{-\mathrm{j}b\Omega}$$

$$\therefore \psi_{a,b}(t)=\frac{1}{\sqrt{a}}\psi\left(\frac{t-b}{a}\right)\xleftrightarrow{\mathrm{WT}}\frac{|a|}{\sqrt{a}}\hat{\psi}(a\mathrm{j}\Omega)\mathrm{e}^{-\mathrm{j}b\Omega}$$

$$\therefore Wf(a,b)=\frac{\sqrt{a}}{2\pi}\int_{-\infty}^{+\infty}\hat{f}(\mathrm{j}\Omega)\hat{\psi}^{*}(a\mathrm{j}\Omega)\mathrm{e}^{\mathrm{j}\Omega b}\mathrm{d}\Omega$$

$\varphi(t)$ 的中心$t_0$；时宽$\Delta\varphi$；频宽$\sigma_\varphi$；频域中心$\Omega_0$。

$\varphi\left(\frac{t}{a}\right)$的中心$at_0$；时宽$|a|\Delta\varphi$；频宽$\frac{\sigma_\varphi}{|a|}$，频域中心$\Omega_0/a$。

## 6.5 小波分析的重构原理

$$f(t)=\frac{1}{C_\psi}\int_{-\infty}^{+\infty}\int_{-\infty}^{+\infty}Wf(a,b)\frac{1}{\sqrt{a}}\psi\left(\frac{t-b}{a}\right)\frac{\mathrm{d}a}{a^2}\mathrm{d}b \tag{6-15}$$

其中：$C_\psi=\int_{-\infty}^{+\infty}\frac{\left|\hat{\psi}(\mathrm{j}\Omega)\right|^2}{\Omega}\mathrm{d}\Omega<\infty$

证明：

$$Wf(a,b)=f(b)*\frac{1}{\sqrt{a}}\psi\left(\frac{-b}{a}\right)\xleftrightarrow{\mathrm{WT}}\sqrt{a}\,\hat{f}(\mathrm{j}\Omega)\hat{\psi}^{*}(\mathrm{j}a\Omega) \tag{6-16}$$

又$\psi\left(\frac{t}{a}\right)\xleftrightarrow{\mathrm{WT}}a\hat{\psi}(\mathrm{j}a\Omega)$

$$\therefore Wf(a,b)*\psi\left(\frac{t}{a}\right)\xleftrightarrow{\text{WT}}a^{\frac{3}{2}}\hat{f}(\mathrm{j}\Omega)\left|\hat{\psi}(\mathrm{j}a\Omega)\right|^2 \tag{6-17}$$

$$\therefore f(t)=\frac{1}{C_\psi}\int_{-\infty}^{+\infty}\int_{-\infty}^{+\infty}\frac{1}{\sqrt{a}}Wf(a,b)\psi\left(\frac{t-b}{a}\right)\frac{\mathrm{d}a}{a^2}\mathrm{d}b$$

$$=\frac{1}{2\pi C_\psi}\int_{-\infty}^{+\infty}\int_{0}^{+\infty}\frac{1}{a^2\sqrt{a}}a^{\frac{3}{2}}\hat{f}(\mathrm{j}\Omega)\left|\hat{\psi}(\mathrm{j}a\Omega)\right|^2\mathrm{e}^{\mathrm{j}\Omega t}\mathrm{d}\Omega\mathrm{d}a \tag{6-18}$$

$$=\frac{1}{2\pi C_\psi}\int_{-\infty}^{+\infty}\int_{0}^{+\infty}\hat{f}(\mathrm{j}\Omega)\frac{\left|\hat{\psi}(\mathrm{j}a\Omega)\right|^2}{q}\mathrm{e}^{\mathrm{j}\Omega t}\mathrm{d}\Omega\mathrm{d}a$$

$$=\frac{1}{2\pi}\int_{-\infty}^{+\infty}\hat{f}(\mathrm{j}\Omega)\mathrm{e}^{\mathrm{j}\Omega t}\mathrm{d}\Omega$$

其中 $C_\psi=\int_0^{+\infty}\frac{\left|\hat{\psi}(\mathrm{j}a\Omega)\right|^2}{a}\mathrm{d}\Omega=\int_0^{+\infty}\frac{\left|\hat{\psi}(\mathrm{j}\lambda)\right|^2}{\lambda}\mathrm{d}\lambda$

由上述证明过程知条件：

$$C_\psi=\int_{-\infty}^{+\infty}\frac{\left|\hat{\psi}(\mathrm{j}\Omega)\right|^2}{\Omega}\mathrm{d}\Omega<+\infty \tag{6-19}$$

对 $Wf(a,b)$ 重构 $f(t)$ 是非常重要的，称之为相容性条件。

# 思考题与讨论题

1．小波变换和傅里叶变换的基函数有何异同？它们的特点是什么？

2．试求 Haar 小波的时窗中心和时窗半径。

3．请分析时频分布的特性主要由什么确定？

4．试讨论在信号处理中如何选择各种小波基函数？

5．试讨论在小波变换中，如何把分解的信号恢复成原始信号？

# 第 7 章　小波滤波器组设计与特性分析

近年来，随着具有非平稳特性的宽带信号在通讯中的广泛应用，对其进行时频局部分析就显得越来越重要。傅里叶变换及其反变换建立了平稳信号时域和频域之间的映射关系，然而傅里叶分析的矩形窗函数是固定的。因此对于统计特性随时间变化的非平稳信号，采用傅里叶变换的方法对不同时刻的信号频域进行分析，是无法满足宽带信号系统分析精度要求。本章在分析傅里叶变换的滤波器组特性基础上，主要研究基于小波算法的滤波器组，研究如何运用小波滤波器组将宽带非稳态的信号分解到不同的子频率带中，进行有效的多通道并行数据处理运算，实现小波滤波器组的宽带波束形成算法。

## 7.1　傅里叶算法的滤波特性分析

### 7.1.1　傅里叶算法的滤波器的结构

为保证系统的稳定性能，数字滤波器常采用有限冲激响应，即 $h(n)=0, n>N$，其输入与输出的关系可以表示为

$$y(n)=\sum_{n=0}^{N-1} h_n \cdot x(n) \tag{7-1}$$

经过采样点数为 $N$ 点的傅里叶变换后，式(7-1)中的时间序列 $x(n)$ 成为

$$F(k)=\sum_{n=0}^{N-1} x(n)\cdot \mathrm{e}^{-\mathrm{j}\frac{2\pi k}{N}n} \quad k=0,1,\cdots,N-1 \tag{7-2}$$

式(7-2)中 $\mathrm{e}^{-\mathrm{j}\frac{2\pi k}{N}n}$ 是旋转矢量，从式(7-1)和式(7-2)可以看出，该滤波器组的系数为 $h_n=\mathrm{e}^{-\mathrm{j}\frac{2\pi k}{N}n}$，这相当于使序列 $x(n)$ 中的每个样本都相位滞后了

$e^{-j\frac{2\pi k}{N}n}$。在离散傅里叶变换中，采样点数 $N$ 可视为用 $N$ 个滤波器对 $x(n)$ 进行滤波处理。$F(k)$可以被看作 $x(n)$ 与 $h_k(n)$ 的卷积结果，即

$$F(k)=\sum_{n=0}^{N-1}x(n)h_k(N-1-n) \quad k=0,1,\cdots,N-1 \tag{7-3}$$

对时间序列 $x(n)$ 的 N 点傅里叶变换加窗后为

$$F(k)=\sum_{n=0}^{N-1}g_n x(n)W_N^{jk} \quad k=0,1,\cdots,N-1 \tag{7-4}$$

其中 $g_n$ 是窗函数系数。通过加窗，窗函数的频谱的主瓣对原信号的频谱起到了“平滑”的作用，降低了原信号频率的分辨能力。如果窗函数为矩形窗，即

$$g_n=\begin{cases}1 & n=0,1,\cdots,N-1\\ 0 & n<0,n\geqslant N\end{cases} \tag{7-5}$$

且滤波器冲击响应为

$$h_k(n)=\begin{cases}\left(e^{-j\frac{2\pi k}{N}}\right)^{N-1-n} & n=0,1,\cdots,N-1\\ 0 & n<0,n\geqslant N\end{cases} \tag{7-6}$$

则，式(7-6)的 $Z$ 变换后为

$$\begin{aligned}H_k(Z)=Z[h_k(n)]&=\sum_{n=0}^{N-1}e^{-j\frac{2\pi k}{N}(N-1-n)}Z^{-N}\\ &=e^{-j\frac{2\pi k}{N}(N-1)}\frac{1-Z^{-N}e^{j\frac{2\pi k}{N}N}}{1-Z^{-1}e^{j\frac{2\pi k}{N}}}\end{aligned} \tag{7-7}$$

由上式可以得到基于矩形窗函数的 FFT 滤波器的幅频特性为

$$\begin{aligned}H_k(Z=e^{j2\pi\frac{f}{f_s}})&=\left|\frac{1-\left(e^{j2\pi\frac{f}{f_s}}\right)^{-N}\left(e^{j\frac{2\pi k}{N}}\right)^{N}}{1-\left(e^{j2\pi\frac{f}{f_s}}\right)^{-1}\left(e^{j\frac{2\pi k}{N}}\right)}\right|\\ &=\left|\frac{\sin\pi N\left(\frac{f}{f_s}-\frac{k}{N}\right)}{\sin\pi\left(\frac{f}{f_s}-\frac{k}{N}\right)}\right|\end{aligned} \tag{7-8}$$

FFT 滤波器组中各子带的带宽相同是因为其对所有频率都使用单一的窗函数，然而在实际信号分析中，很多情况要求不同频率具有不同的分辨率。

例如：为了得到具有较好的时间分辨率，窗函数取为 $\delta(t)$，此时有

$$g(t)=\delta(t)\Rightarrow STFT(t,f)=x(t)\mathrm{e}^{-\mathrm{j}2\pi ft} \tag{7-9}$$

经过加窗后时域信号 $x(t)$ 有较好的时间分辨率，但无任何频率分辨率。

为了得到较好的频域分辨率，取无穷长窗宽的窗函数，即 $g(t)=1$，它的傅里叶变换为 $\delta(f)$，则

$$G(f)=\delta(f)\Rightarrow STFT(t,f)=X(f) \tag{7-10}$$

经过加窗处理后的时域信号 $x(t)$，有较好的频域分辨率，但无任何时间分辨率。由于在 FFT 滤波器组中窗函数具有不变的时频窗口，即带通滤波器的带宽 $\Delta f$ 与中心频率 $f$ 无关，故 FFT 滤波器组不能在高频时使用短时窗(宽频窗)，而在低频时则使用宽时窗(短频窗)。因此，对宽带信号内的所有频率使用固定的某种窗函数进行处理会造成对非平稳信号分析不精确的问题。

常见的窗函数有矩形窗(Rectwin)、巴特利特窗(Bartlett)、汉宁窗(Hanning，升余弦窗)、汉明窗(Hamming，改进的升余弦窗)、布拉克曼窗(Blackman 窗)等。表 7-1 列出了五种常规窗函数的基本参数。

**表 7-1　五种窗函数基本参数。**

| 类型 | 窗函数旁瓣峰值 | 过度带宽度 $\Delta B$ | 滤波器阻带最小衰减(dB) |
|---|---|---|---|
| Rectwin | −13 | 4π/N | −21 |
| Bartlett | −25 | 6π/N | −25 |
| Hanning | −31 | 8π/N | −44 |
| Hamming | −41 | 8π/N | −53 |
| Blackman | −57 | 12π/N | −64 |

由于 FFT 的窗函数的大小和形状是固定不变的，从表 7-1 中可以看出矩形窗函数相比于其他窗函数具有最窄的主瓣和最大的旁瓣峰值。由于窗函数中较低的旁瓣可以使系统获得较高的动态范围，而较宽的主瓣会使系统的频率分辨率变差，因此 FFT 算法不能适应不同频率分量信号的变化处理。

### 7.1.2 采样点数对信号频率分辨率影响

将输入信号 $x(t)$ 用采样间隔 $T_s$ 采样后变成 $x(n)$，假定 $x(n)$ 是由频率分别为 $\omega_1$ 和 $\omega_2$ 且 $\omega_1<\omega_2$ 的正弦信号组成，则有 $\Delta\omega=\omega_2-\omega_1=2\pi\Delta f/f_s$，信号加窗函数后的最小频率间隔为：$\Delta f=f_s/N$，$N$ 为采样点数（滤波器阶数）。

假设有由三个正弦信号构成的连续时间信号，其信噪比为 $\mathrm{SNR}=20\mathrm{dB}$，采样频率为 $f_s=80\mathrm{MHz}$，三个频率分量分别为 $f_1=29.5\mathrm{MHz}$，$f_2=30\mathrm{MHz}$，$f_3=30.2\mathrm{MHz}$。设选用的窗函数为矩形窗函数，则采样点数 $N$ 的值分别为 50，200，500 时的频谱曲线，如图 7-1 所示。

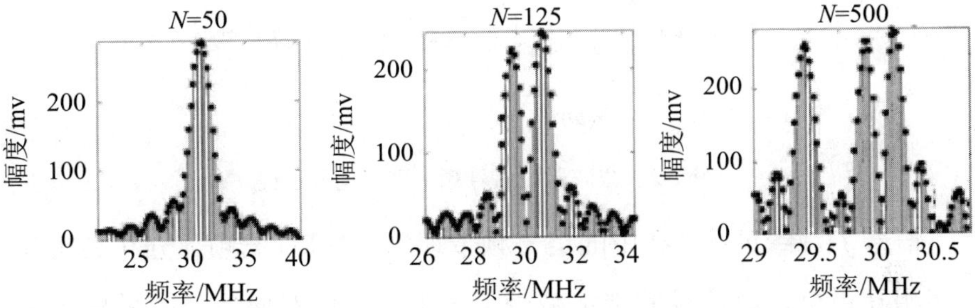


图 7-1 窗口长度 N 对信号频率的分辨率影响

当 $N\geqslant f_s/|\Delta f|_{\max}$ 时，可以满足分辨多个频率分量的要求。窗函数的选择与信号频率和采样点数有关，若取 $|\Delta f|_{\max}=f_3-f_2=0.2\mathrm{MHz}$，则只有选择矩形窗函数。从图 7-1 可以看出，当采样点数 $N\geqslant500$ 时，才能正确分辨出三个频率分量；当 $N$=50 时，无法分辨出存在的三个频率分量；当 $N$=125 时，只能分辨两个频率分量。由此可见，FFT 算法的滤波器采样点数对信号频率分辨率影响很大。由各个窗函数性能分析可知，其他的窗函数对信号的分辨率同样是受采样点数 $N$ 的取值影响。

# 7.2 小波滤波器组的设计

## 7.2.1 构造小波算法滤波器

设信号 $f(t)$ 可被理想的低通滤波器 $H(\omega)$ 和高通滤波器 $G(\omega)$ 分解成低频和高频两部分，低频部分的归一频带范围为 $0\sim(\pi/2)$，高频部分的归一频带范围为 $(\pi/2)\sim\pi$，结构图如图 7-2 所示。

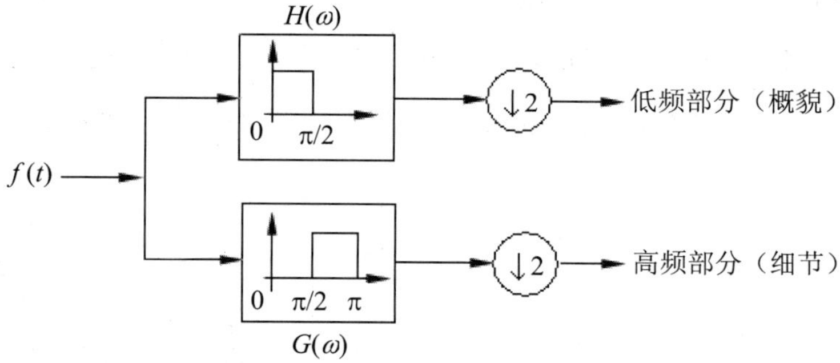


图 7-2　滤波器对信号频带理想化分过程

信号 $f(t)$ 经过图 7-2 中的信号频带理想划分后，低频部分和高频部分之间相互正交，原信号的带宽减少了一半，所以对原信号的采样率也减少了一半。对分解后的低频部分重复上述类似的分解，则每级输出的采样率减小一半。

一般情况下，滤波器的构造方法是根据信号的要求而定，对于小波算法的滤波器的构造关键在于小波基函数的选择，因为小波滤波器的作用实质是把信号当作函数展开，进行不同层次的分解和重构处理。

## 7.2.2 小波基函数构造原型滤波器

在不同尺度下的小波中心频率 $f_c(n)$ 在范围 $-F_s/2 \leqslant f_c(n) \leqslant F_s/2$ 之间。$F_s$ 为输入信号的采样频率。如果输入信号是实信号则有 $f_c(n)>0$，如果输入信号是复信号则 $f_c(n)$ 是以频率零为中心对称的。如果 $f_c(n)$ 的最小值是输入信号的中心频率，则 $f_c(n)$ 的最大值等于或小于采样频率。因此，在理想状态下的小波变换的频域响应是在输入信号的中心频率处为1，且采样频率处为0的矩形窗函数。由于矩形窗函数相比于其他窗函数具有最窄的主瓣和最大的旁瓣峰值（第一旁瓣衰减为13dB），当系统中存在多个信号时，采用矩形窗函数进行频谱分析往往会造成相邻道信之间的相互干扰和强信号对弱信号的抑制。具有紧支撑性的小波，在小波滤波器组对原信号进行分析时提供有限长的数字滤波器系数，假设 $h_L(t)$ 为小波基函数的系数，$H_L(\omega)$ 为小波基函数的傅里叶表达形式。则 Morlet 小波基函数表达形式为

$$\begin{cases} h_L(t) = \left(\mathrm{e}^{-Lt} - \mathrm{e}^{-\frac{L^2}{2}}\right)\mathrm{e}^{-\frac{t^2}{2}} \\ H_L(\omega) = \mathrm{e}^{-(\omega-L)^2/2} - \mathrm{e}^{-(\omega^2+L^2)/2} \end{cases} \tag{7-11}$$

其中 $L$ 为小波基函数的长度。Mexican 小波基函数表达形式：

$$\begin{cases} h(t) = (1-t^2)\mathrm{e}^{\frac{t^3}{2}} \\ H(\omega) = \omega^2\mathrm{e}^{-1/2\omega^2} \end{cases} \tag{7-12}$$

通过窗函数构造小波基函数的表达式为

$$h_L(t) = \sin(t)w_L(t) \tag{7-13}$$

频率响应为

$$H_L(\omega) = \frac{(-1)^L \sin(L\pi\omega)Num_L(\omega)}{Den_L(\omega)} \tag{7-14}$$

$w_L(t)$ 为窗函数，$Num_L(\omega)$ 和 $Den_L(\omega)$ 的取值由 $w_L(t)$ 决定，窗函数的表达式为

（1）矩形窗函数

$$\begin{cases} w_L^R(t) = u(t + L\pi) - u(t - L\pi) \\ u(t) = \begin{cases} 1 & t \geqslant 0 \\ 0 & t < 0 \end{cases} \\ Num_L(\omega) = -1 \\ Den_L(\omega) = (\omega - 1)(\omega + 1) \end{cases} \tag{7-15}$$

（2）高斯函数

$$\begin{cases} w_L^G(t) = e^{-\frac{t^2 \log(100)}{L^2 \pi^2}} w_L^R(t) \\ Num_L(\omega) = -\pi L \sqrt{\dfrac{\pi}{\log(100)}} e^{-\frac{L^2 \pi^2 (\omega^2 + 1)}{4 \log(100)}} \\ Dum_L(\omega) = 1 \end{cases} \tag{7-16}$$

（3）Welch 函数

$$\begin{cases} w_n^w(t) = \left( \dfrac{27}{50} + \dfrac{23}{50} \cos\left( \dfrac{t}{N} \right) \right) w_N^R(t) \\ Num_L(\omega) = -31N^2 - 77\omega^2 N^2 + 4N^4 + 27 + 4\omega^4 N^4 - 8\omega^3 N^4 \\ Dum_L(\omega) = (\omega - 1)(\omega + 1)(N\omega - 1 - N)(N\omega - 1 + \\ \qquad N)(N\omega + 1 - N)(N\omega + 1 + N) \end{cases} \tag{7-17}$$

除了矩形函数、高斯函数和 Welch 函数，还有许多形式的其他函数，只有函数满足紧支撑性，它们都可以构造正交小波，这使得在小波基函数的选择上十分广阔。如高斯型窗函数可以构造若干经典基小波：墨西哥草帽小波、莫莱小波、犬小波和盖博解析小波等等，但在实际应用中常用的小波为 Daubechies，Symmlets 和 Coiflets 小波。

常见的原型滤波器是采用加窗设计法进行设计的，但如果对滤波器性能指标有特定的要求时，采用简单的窗函数是不能达到要求的滤波器效果。根据宽带信号的特点，在后续研究中采用 Daubechies10 小波函数设计原型滤波器。

假设数字带通滤波器具有参数：采样频率 $f_s = 100\text{kHz}$；通带上截止频率 $\omega_{up} = 32.5\text{kHz}$；阻带上截止频率 $\omega_{us} = 35.5\text{kHz}$；通带下截止频率

$\omega_{lp}=17.5\text{kHz}$；阻带下截止频率 $\omega_{ls}=13.5\text{kHz}$；通带内衰减不大于 3dB；阻带衰减大于 70dB。

根据设计阻带衰减需要大于 70dB，从阻带衰减指标表 3-1 中选择 Blackman 窗，归一化过渡带宽的频率为

$$\omega_{us}-\omega_{up}=(35.5-32.5)\pi/50=0.06\pi \tag{7-18}$$

由于 Blackman 窗函数的过渡带宽 $\Delta B=12\pi/N$，则计算得到滤波器阶数 $N$=200。同样的滤波器，其阶数越高，滤波效果就越好，但是阶数越高，成本也就越高，因此选择合适的阶数构造滤波器是非常重要的。

由于带通滤波器频率响应有以下关系表达式

$$H(\mathrm{e}^{\mathrm{j}\omega})=\begin{cases}\mathrm{e}^{-\mathrm{j}\omega n} & \omega_{lp}\leqslant|\omega|\leqslant\omega_{up}\\ 0 & 0\leqslant|\omega|<\omega_{lp}\quad |\omega|>\omega_{up}\end{cases} \tag{7-19}$$

其单位冲击响应为

$$\begin{aligned}h(n)&=\frac{1}{2\pi}\int_{\omega_{lp}}^{\omega_{up}}H(\mathrm{e}^{\mathrm{j}\omega})\mathrm{e}^{\mathrm{j}\omega n}\mathrm{d}\omega+\frac{1}{2\pi}\int_{-\omega_{up}}^{-\omega_{lp}}H(\mathrm{e}^{\mathrm{j}\omega})\mathrm{e}^{\mathrm{j}\omega n}\mathrm{d}\omega\\&=\frac{1}{2\pi}\int_{-\omega_{up}}^{\omega_{up}}H(\mathrm{e}^{\mathrm{j}\omega})\mathrm{e}^{\mathrm{j}\omega}\mathrm{d}\omega+\frac{1}{2\pi}\int_{-\omega_{lp}}^{\omega_{lp}}H(\mathrm{e}^{\mathrm{j}\omega})\mathrm{e}^{\mathrm{j}\omega}\mathrm{d}\omega\\&=h_2(n)-h_1(n)\end{aligned} \tag{7-20}$$

其中，$h_2(n)$ 相当于截止频率为 $\omega_{up}$ 时的低通滤波器的单位冲击响应，$h_1(n)$ 相当于截止频率为 $\omega_{lp}$ 时的低通滤波器的单位冲击响应。

通过分析可知，小波函数的伸缩和平移是通过母函数 $\psi(t)$ 进行的，对于 Db10 小波没有显示表达，但根据当 Db1 小波为 Harr 小波，Db10 小波的低通滤波器的系数为

$$h(z)=\sum_k h_k(z^{-k})\qquad k=-10,-9,\cdots,9 \tag{7-21}$$

对于前面假设给定的指标，分别在 $\omega_{lp}=17.5\text{kHz}$ 和 $\omega_{up}=32.5\text{kHz}$ 时有低通滤波器的幅频响应特性，如图 7-3 所示：

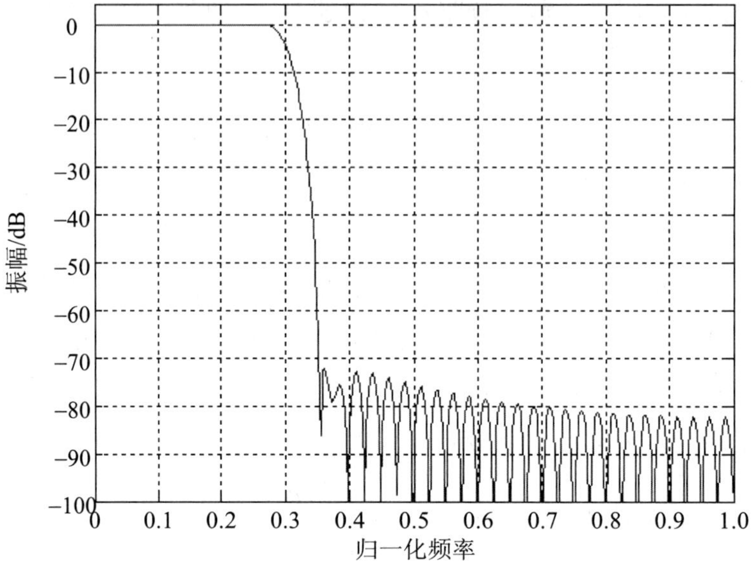


（a） $\omega_{lp}=17.5\text{kHz}$

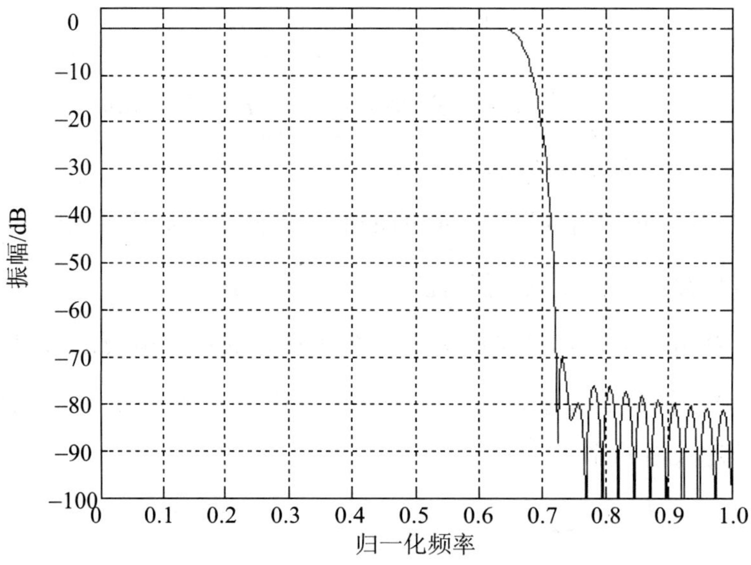


（b） $\omega_{up}=32.5\text{kHz}$

图 7-3　低通滤波器的幅频响应特性曲线

根据式（3-33）可以得到带通滤波器的系数，表 7-2 所示的是带通滤波器的半带系数，图 7-4 基于 Db10 小波构造的滤波器的幅频特性曲线。

表 7-2 Db10 带通滤波器的 $h_n$ 的系数值（低通部分）

| | | | | | | | |
|---|---|---|---|---|---|---|---|
| $h_0$ | –0.0003 | $h_{10}$ | 0.0007 | $h_{20}$ | 0.0001 | $h_{30}$ | 0.0004 |
| $h_1$ | –0.0003 | $h_{11}$ | –0.0003 | $h_{21}$ | 0.0096 | $h_{31}$ | –0.0483 |
| $h_2$ | –0.0010 | $h_{12}$ | 0.0056 | $h_{22}$ | –0.0121 | $h_{32}$ | –0.0151 |
| $h_3$ | 0.0008 | $h_{13}$ | 0.0019 | $h_{23}$ | –0.0206 | $h_{33}$ | 0.0765 |
| $h_4$ | 0.0013 | $h_{14}$ | –0.0052 | $h_{24}$ | 0.0063 | $h_{34}$ | 0.0149 |
| $h_5$ | –0.0002 | $h_{15}$ | –0.0003 | $h_{25}$ | –0.0026 | $h_{35}$ | 0.0300 |
| $h_6$ | 0.0010 | $h_{16}$ | –0.0052 | $h_{26}$ | 0.0065 | $h_{36}$ | 0.0677 |
| $h_7$ | –0.0005 | $h_{17}$ | –0.0065 | $h_{27}$ | 0.0387 | $h_{37}$ | –0.2095 |
| $h_8$ | –0.0034 | $h_{18}$ | 0.0106 | $h_{28}$ | –0.0048 | $h_{38}$ | –0.2152 |
| $h_9$ | 0.0001 | $h_{19}$ | 0.0064 | $h_{29}$ | –0.0237 | $h_{39}$ | 0.2958 |

与小波滤波器相比，基于 Blackman 窗滤波器的阶数过高，使得系统的成本增加。从图 7-4 可知基于 Db10 小波构造的滤波器能够很好地满足阻带和通带的衰减条件，并且该带通滤波器的阶数为 $N=80$。因此，采用基于 Db10 小波构造的原型滤波器比较优良。

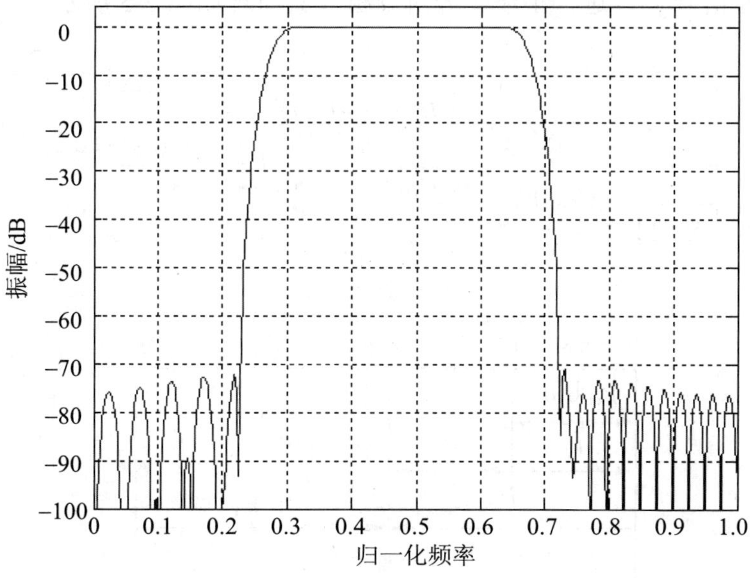


（a）幅频特性

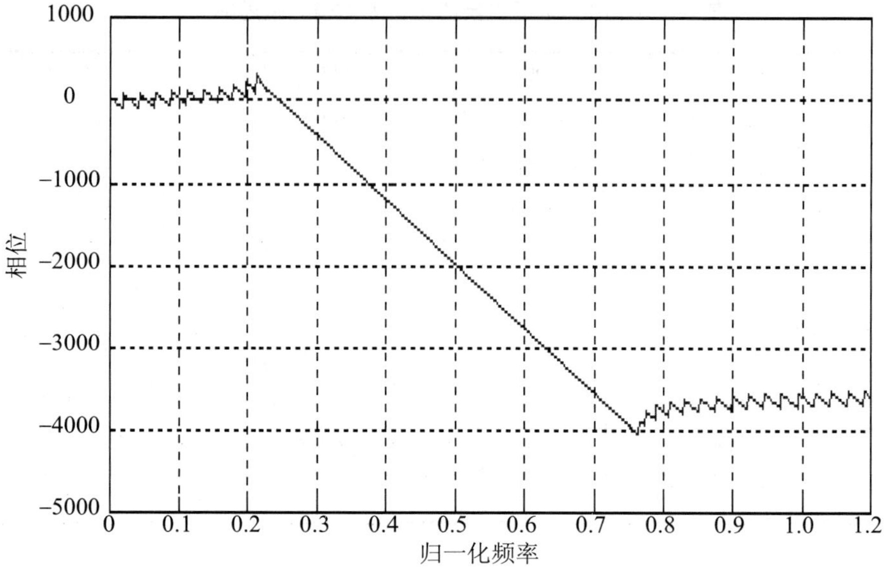


（b）相频特性

图 7-4　Db10 原型滤波器的特性曲线

## 7.2.3　小波滤波器组的设计

对原信号 $f(t)$ 进行小波多分辨分析，其原理如图 7-5 所示。

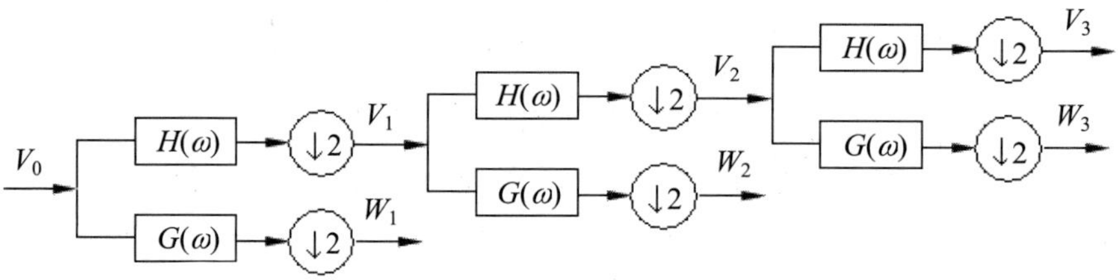


（a）信号时域分解

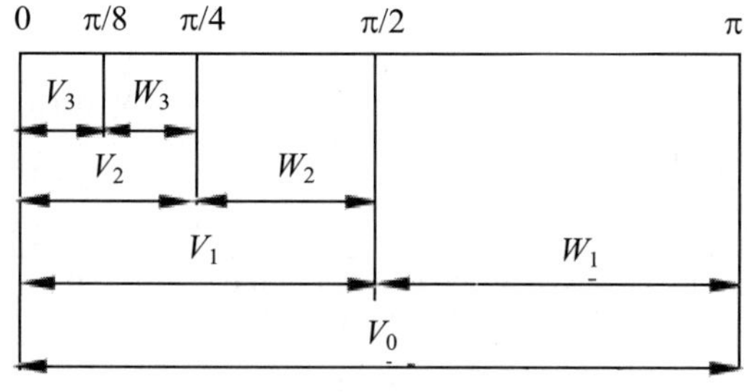


（b）信号相位分解

图 7-5　信号多分辨率分析结构图

多分辨率信号分解可以用共轭正交滤波器构成的子带滤波器组来实现。在一个宽带信号处理系统中，多速率的信号处理方法能够为系统带来降低采样率、计算复杂度、传输率和减少存储量等好处。图 7-6 为多速率系统的结构图，$x(n)$ 为输入序列信号，$H(z)$ 和 $G(z)$ 分别为分析滤波器和合成滤波器的 Z 变换，$\downarrow P$ 为降低采样频率 $P$ 倍的实际采样率，$\uparrow P$ 为对实际采样率的 $P$ 倍插值。

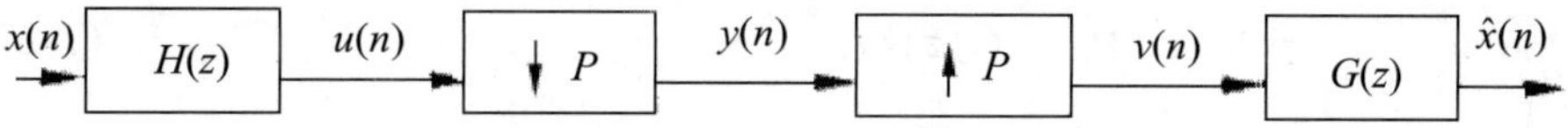


图 7-6　多速率系统的结构图

在图 7-6 中，$v(n)$ 是在 $y(n)$ 的每两个样值间插入 P-1 个零值而得到序列信号，表达式为

$$\frac{1}{P}\sum_{k=0}^{P-1}\mathrm{e}^{\mathrm{j}2\pi k\frac{n}{P}}=\begin{cases}1 & \dfrac{n}{P}\in\mathbf{Z}\\ 0 & \dfrac{n}{P}\notin\mathbf{Z}\end{cases} \tag{7-22}$$

$y(n)$ 和 $v(n)$ 具有不同的采样率，二者之间的关系是

$$v(z)=Y(z^P) \tag{7-23}$$

经过 $P$ 个样值的抽取和内插后，$v(nP)$ 和 $u(nP)$ 的值是相等的，而序列 $v(n)$ 中得其它值为零，$v(n)$ 和 $u(n)$ 间的关系写为

$$v(n)=u(n)\frac{1}{P}\sum_{k=0}^{P-1}W_P^{-kn} \tag{7-24}$$

在式（7-24）中，$W_P=\mathrm{e}^{-\mathrm{j}\frac{2\pi}{P}}$。对式(7-24)进行 Z 变换得

$$\begin{aligned}v(z)&=\sum_{n=-\infty}^{+\infty}v(n)z^{-\infty}\\&=\frac{1}{P}\sum_{k=0}^{P-1}\sum_{n=-\infty}^{+\infty}u(n)\left[zW_P^k\right]^{-\infty}\\&=\frac{1}{P}\sum_{k=0}^{P-1}U(zW_P^k)\end{aligned} \tag{7-25}$$

由 $Y(z)=\dfrac{1}{P}\sum_{k=0}^{P-1}U(z^{\frac{1}{P}}W_P^k)$ 和 $U(z)=H(z)X(z)$，得

$$Y(z)=\frac{1}{P}\sum_{k=0}^{P-1}H(z^{\frac{1}{P}}W_P^k)X(z^{\frac{1}{P}}W_P^k) \tag{7-26}$$

最后推出输出结果为

$$\begin{aligned}\hat{X}(z)&=G(z)V(z)\\&=G(z)Y(z^P)\\&=\frac{1}{P}\sum_{k=0}^{P-1}G(z)H(xW_P^k)X(zW_P^k)\end{aligned} \tag{7-27}$$

在式（7-27）中，$k\neq 0$ 时乘积项 $G(z)H(xW_P^k)X(zW_P^k)$ 结果为零，则系统中不存在混叠干扰，否则系统会产生频率混叠现象。图 7-7 为两通道滤波器组的结构框图。

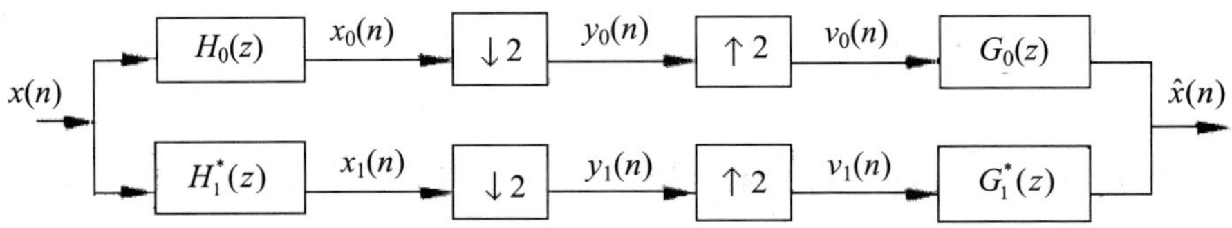


图 7-7　两通道滤波器组的结构框图

在图 7-7 中，信号 $x(n)$ 通过分析滤波器 $H_0(z)$ 和 $H_1^*(z)$ 后得到 $x_0(n)$ 和 $x_1(n)$ 两个子带信号，而滤波器 $G_0(z)$ 和 $G_1^*(z)$ 是综合滤波器，其任务是将两个子信号 $v_0(n)$ 和 $v_1(n)$ 综合成单一信号 $\hat{x}(n)$。子带信号 $y_0(n)$ 和 $y_1(n)$ 的带宽都是原来信号 $x(n)$ 的一半，系统的抽样率被降低了两倍。同理，为了将通过重建得到的信号 $\hat{x}(n)$ 等于或近似等于原信号 $x(n)$，所以在综合滤波器前加上两倍的上采样，从而有

$$\begin{cases}Y_0(z^2)=\dfrac{1}{2}[H_0(z)X(z)+H_0(-z)X(-z)]\\[2mm] Y_1(z^2)=\dfrac{1}{2}[H_1^*(z)X(z)+H_1^*(-z)X(-z)]\\[2mm] \hat{X}(z)=Y_0(z^2)G_0(z)+Y_1(z^2)G_1^*(z)\end{cases} \tag{7-28}$$

上述关系式合并化简后，得

$$\begin{aligned}\hat{X}(z)=&\frac{1}{2}[H_0(z)G_0(z)+H_1^*(z)G_1^*(z)]X(x)+\\&\frac{1}{2}[H_0(-z)G_0(z)+H_1^*(-z)G_1^*(z)]X(-z)\end{aligned}\tag{7-29}$$

在输入与输出能够满足 $\hat{x}(n)=x(n-k)$，即 $\hat{X}(z)=z^{-k}X(z)$ 条件时，则原信号通过滤波器组后构造的重构信号除了产生与原信号延迟外，重建的信号是没有失真的。为了消除时延产生的混叠分量，则有

$$H_0(-z)G_0(z)+H_1^*(-z)G_1^*(z)=0\tag{7-30}$$

$$H_0(z)G_0(z)+H_1^*(z)G_1^*(z)=2\tag{7-31}$$

设 $\{V_J\}_{J\in Z}$ 及 $\phi(t)$ 是一个正交多尺度分析，由于 $\phi(t)\in V_0\supseteq V_1$，而 $\{\sqrt{2}\phi(2t-n)\}_{n\in Z}$ 是 $V_J$ 的标准正交基，故有

$$\psi(x)=\sum_n(-1)^n h_n\phi(2x-n)\tag{7-32}$$

$$\phi(x)=\sum_n h_n\phi(2x-n)\tag{7-33}$$

从频域来分析小波滤波器组对信号的分解和重构，对式（7-32）和式（7-33）做傅里叶变换得到

$$\begin{cases}\phi(2\omega)=H_0(\omega)\phi(\omega)\\ \psi(2\omega)=H_1^*(\omega)\phi(\omega)\end{cases}\tag{7-34}$$

其中

$$H_0(\omega)=\frac{1}{2}\sum_n h_n\mathrm{e}^{-\mathrm{j}n\omega}\tag{7-35}$$

$$H_1^*(\omega)=\frac{1}{2}\sum_n(-1)^n h_n\mathrm{e}^{-\mathrm{j}n\omega}=\mathrm{e}^{-\mathrm{j}w}\,\overline{H_0(\omega+\pi)}\tag{7-36}$$

令 $Z=\mathrm{e}^{\mathrm{j}\omega}$，则

$$\begin{cases}H_0(z)=\dfrac{1}{2}\sum_n h_n z^{-n}\\ H_1^*=z^{-1}\,\overline{H_0(-z)}\end{cases}\tag{7-37}$$

$H_0(z)$和$H_1^*(z)$为正交滤波器，若取$G_0(z)=\overline{H_0}(z)$，$G_1^*(z)=\overline{H_1^*}(z)$，其中$\overline{H_0}(z)$和$\overline{H_1^*}(z)$分别为$H_0(z)$和$H_1^*(z)$的对偶算子，从式（7-37）有

$$\begin{cases} H_1^*(z)=-zG_0(-z) \\ G_1^*(-z)=-z^{-1}H_0(-z) \end{cases} \tag{7-38}$$

因此$H_0(z)$，$H_1^*(z)$，$G_0(z)$和$G_1^*(z)$滤波器组满足公式（3-41），$H_0(z)$和$G_0(z)$，$G_1^*(z)$和$H_1^*(z)$互成共轭滤波器，即

$$H_0(z)G_0(z)+H_1^*(z)G_1^*(z)=2 \tag{7-39}$$

由此可知，采用$H_0(z)$，$H_1^*(z)$，$G_0(z)$和$G_1^*(z)$组成的滤波器组对原始信号进行多分辨分析，通过正交小波滤波器的分解和子带重构后，原信号在时域和频域中都没有能量损失。根据前面的分析可以得到多通道的结构框图如图 7-8 所示。

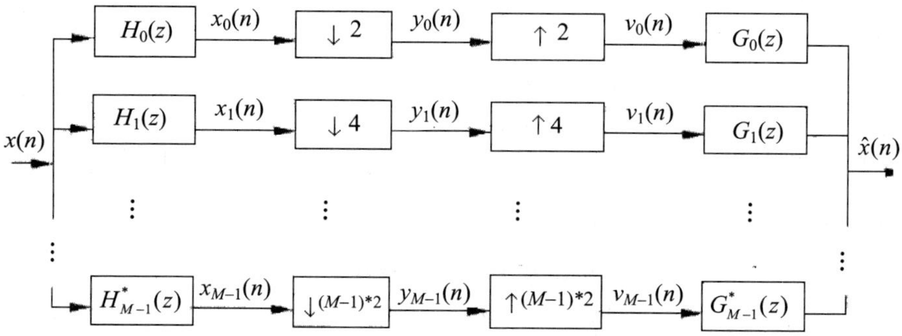


图 7-8　M 通道滤波器组结构框图

图中$H_0(z),H_1(z),\cdots,H_{M-1}^*(z)$表示分析滤波器组，$G_0(z),G_1(z),\cdots,G_{M-1}^*(z)$表示综合滤波器组。根据前面的分析可以知道其中$H_{M-2}(z)$和$H_{M-1}^*(z)$，$G_{M-2}(z)$和$G_{M-1}^*(z)$互为正交滤波器。在 M 路滤波器组的分析器中，输入信号$x(n)$被分成 M 组子带信号，其中$x_k(m)$ $(k=0,1,\cdots,M-1)$表示各子带信号，$y_k(m)$ $(k=0,1,\cdots,M-1)$表示各支路经过多速率抽样后得到的信号。在综合滤波器中，各子带的信号经过插值后得到相应的输入信号$v_k(m)$ $(k=0,1,\cdots,M-1)$，$\hat{x}(n)$为综合器的输出信号。

对多通道数据采集系统中的系统通道数目的选择是取决于输入信号的绝对带宽和 A/D 器件的转换速率。虽然，从理论上讲，基于小波信号的分解和重构方法是理想的完全重构，但是由于 $H(\mathrm{e}^{\mathrm{j}\omega})$ 和 $G(\mathrm{e}^{\mathrm{j}\omega})$ 构造是对理想滤波器的理想逼近，因而存在误差。在实际中使用模拟器件实现 $H(\mathrm{e}^{\mathrm{j}\omega})$ 和 $G(\mathrm{e}^{\mathrm{j}\omega})$ 时，模拟器件本身也是存在误差的，因此需要进一步研究小波滤波器的幅频特性，从而减小整个系统的误差。

## 7.3 小波滤波器组的特性分析

### 7.3.1 滤波器组的特性

由于多分辨分析是在空间 $V_j$ 和 $W_j$ 内分别找一组归一正交基即 $\{\phi_{j,k}(t)=2^{-j/2}\phi(2^{-j}t-k)\}$ 和 $\{\varphi_{j,k}(t)=2^{-j/2}\varphi(2^{-j}t-k)\}$，而为了得到这两组基函数就需要找到合适的尺度函数 $\phi(t)$ 和小波函数 $\varphi(t)$，考虑空间 $V_0,V_1,W_1$ 中的基函数分别为 $\phi_{0,k}(t),\phi_{1,k}(t),\varphi_{1,k}(t)$。由于 $\phi_{1,0}$ 是属于空间 $V_1$ 的，而 $V_1\subset V_0$，所以 $\phi_{1,0}$ 必定可以用基函数 $\phi_{0,k}(t)$ 来表示，即

$$\phi_{1,0}(t)=\sum_k h(k)\phi_{0,k}(t) \tag{7-40}$$

经整理后，得

$$\phi(t)=\sqrt{2}\sum_k h(k)\phi(2t-k) \tag{7-41}$$

同理，对于 $W_1$ 中的函数 $\varphi_{1,0}(t)$，也可用基函数 $\phi_{0,k}(t)$ 来表示，即

$$\varphi_{1,0}(t)=\sum_k g(k)\phi_{0,k}(t) \tag{7-42}$$

经整理后，得

$$\varphi(t)=\sqrt{2}\sum_k g(k)\phi(2t-k) \tag{7-43}$$

对式（7-42）和式（7-43）所表达的尺度 $\phi(t)$ 和小波函数 $\varphi(t)$ 的构造，可以从滤波器 $H(\omega)$ 和 $G(\omega)$ 的构造中完成。其中滤波器的表达式为

$$H(\omega)=\sum_k \frac{h(k)}{\sqrt{2}}\mathrm{e}^{-\mathrm{j}\omega k}, \quad G(\omega)=\sum_k \frac{g(k)}{\sqrt{2}}\mathrm{e}^{-\mathrm{j}\omega k} \tag{7-44}$$

通过分析，信号 $f(t)$ 在分辨率 $j+1$ 下的离散逼近 $c_{j+1,k}$ 可以通过用离散低通滤波器对 $c_{j,k}$ 进行滤波获得，有

$$\sum_k c_{j,k}\phi_{j,k}(t)=\sum_m c_{j+1,m}\phi_{j+1,m}(t)+\sum_m d_{j+1,m}\varphi_{j+1,m}(t) \tag{7-45}$$

如果用函数 $\phi_{j+1,n}(t)$ 对式(7-45)两边取内积，可以得到

$$\begin{aligned}&\sum_k c_{j,k}(\phi_{j,k}(t),\phi_{j+1,n}(t))\\&\quad=\sum_m c_{j+1,m}(\phi_{j+1,m}(t),\phi_{j+1,n}(t))+\sum_m d_{j+1,m}(\varphi_{j+1,m}(t),\phi_{j+1,n}(t))\end{aligned} \tag{7-46}$$

由双尺度方程，有

$$\phi_{j+1,m}(t)=2^{-\frac{j+1}{2}}\phi(2^{-(j+1)}t-m)=\sum_k h(k-2m)\phi_{j,k}(t) \tag{7-47}$$

因此，有 $(\phi_{j,k}(t),\phi_{j+1,m}(t))=\sum_k h(k-2m)$，并依据 $\phi_{j,k}(t)$ 的正交归一性质，由式（7-46）得到

$$c_{j+1,m}=\sum_k h(k-2m)c_{j,k} \tag{7-48}$$

同理，如果用函数 $\varphi_{j+1,n}(t)$ 对式(7-45)两边取内积，可以得到

$$d_{j+1,m}=\sum_k g(k-2m)c_{j,k} \tag{7-49}$$

由式（7-48）和式（7-49）可知，在已知 $c_{j,k}$ 的情况下，通过滤波器 $H(\omega)$ 和 $G(\omega)$ 的作用就可以得到 $c_{j+1,k}$ 和 $d_{j+1,k}$，从而完成 $c_{j,k}$ 的进一步分解，有

$$(\phi_{j+1,m}(t),\phi_{j,k}(t))=(\phi_{j,k}(t),\phi_{j+1,m}(t))^*=\sum_k h^*(k-2m) \tag{7-50}$$

$$(\varphi_{j+1,m}(t),\phi_{j,k}(t))=(\phi_{j,k}(t),\varphi_{j+1,m}(t))^*=\sum_k g^*(k-2m) \tag{7-51}$$

所以有

$$c_{j,k}=\sum_k h^*(k-2m)c_{j+1,m}+\sum_k g^*(k-2m)d_{j+1,m} \tag{7-52}$$

由式（7-52）可知，在已知 $c_{j+1,k}$ 和 $d_{j+1,k}$ 的情况下，通过滤波器 $H^*(\omega)$ 和 $G^*(\omega)$ 的作用，并将二者的输出求和就可以得到 $c_{j,k}$ 的值，这就完成了 $c_{j+1,k}$ 和 $d_{j+1,k}$ 的合成。因此小波多分辨分析的分解和综合是依靠滤波器 $H(\omega)$ 和 $G(\omega)$ 的作用完成的，其结构可以用图 7-9 说明。

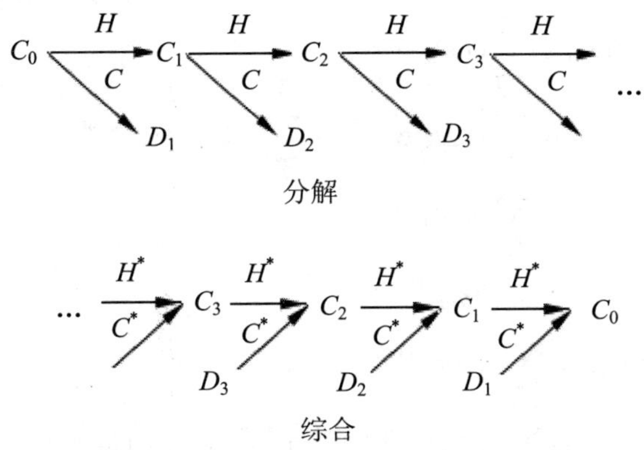


图 7-9　小波多分辨分析的分解过程

## 7.3.2　幅频特性分析

设原始信号为 $x(n)$，经过 2 倍的隔点采样后，原始信号变为 $y(n)$，即

$$y(n)=x(2n) \qquad n\in Z \tag{7-53}$$

对 $y(n)$ 和 $x(n)$ 分别进行傅里叶变换，表达式为 $Y(\omega)$ 和 $X(\omega)$，则有以下关系：

$$\begin{aligned}
Y(\omega)&=\sum_{n\in Z}y(n)\mathrm{e}^{-\mathrm{j}n\omega}\\
&=\sum_{n\in Z}x(2n)\mathrm{e}^{-\mathrm{j}\omega n}\\
&=\left[\sum_{n\in Z}x(2n)\mathrm{e}^{-\mathrm{j}n\omega}+\sum_{n\in Z}x(2n)\mathrm{e}^{-\mathrm{j}n\omega}\right]\Big/2\\
&=\left[\sum_{n\in Z}x(2n)\mathrm{e}^{-\mathrm{j}2n\frac{\omega}{2}}+\sum_{n\in Z}x(2n)\mathrm{e}^{-\mathrm{j}2n\frac{\omega}{2}}\right]\Big/2\\
&=\left[X\left(\frac{\omega}{2}\right)+X\left(\frac{\omega}{2}+\pi\right)\right]\Big/2
\end{aligned} \tag{7-54}$$

在式（7-54）中 $X(\omega/2)$ 是由原始信号中 $f\leqslant f_s/4$ 的部分组成，而

$X(\omega/2+\pi)$则是由原始信号中$f_s/4 \leqslant f \leqslant f_s/2$的部分组成。对于隔点插零，则有以下关系：

$$\begin{cases} v(2n)=x(n) \\ v(2n+1)=0 \end{cases} \tag{7-55}$$

设$v(n)$和$x(n)$的傅里叶变换分别为$V(\omega)$和$X(\omega)$，则有以下关系：

$$\begin{aligned} V(\omega) &= \sum_{n\in \mathbf{Z}} v(n)\mathrm{e}^{-\mathrm{j}n\omega} \\ &= \sum_{n\in \mathbf{Z}} v(2n)\mathrm{e}^{-\mathrm{j}\omega 2n} + \sum_{n\in \mathbf{Z}} v(2n+1)\mathrm{e}^{-\mathrm{j}\omega(2n+1)} \\ &= \sum_{n\in \mathbf{Z}} x(n)\mathrm{e}^{-\mathrm{j}\omega 2n} \\ &= X(2\omega) \end{aligned} \tag{7-56}$$

$$\begin{aligned} V(\omega+\pi) &= \sum_{n\in \mathbf{Z}} v(n)\mathrm{e}^{-\mathrm{j}n(\omega+\pi)} \\ &= \sum_{n\in \mathbf{Z}} v(2n)\mathrm{e}^{-\mathrm{j}(\omega+\pi)2n} + \sum_{n\in \mathbf{Z}} v(2n+1)\mathrm{e}^{-\mathrm{j}(\omega+\pi)(2n+1)} \\ &= \sum_{n\in \mathbf{Z}} x(2n)\mathrm{e}^{-\mathrm{j}(\omega+\pi)2n} \\ &= X(2\omega) \end{aligned} \tag{7-57}$$

由于隔点插零与隔点采样的相互作用，小波滤波器组最终可以正确地重构信号。连续信号经过离散采样后，得到的离散信号的傅氏谱为原信号傅氏谱 $K$ 倍周期延拓，如果原信号中包含的最高频率成分$f_{\max} > K/2$，则在离散信号谱中相应周期谱中会出现重叠现象。反之，如果$f_{\max} < K/2$，则采样后离散信号频谱中不会出现频率混叠现象。因此虽然小波滤波器组最终重构的信号是正确的，但由于小波滤波器是非理想的特性，在实际对单子带重构信号分析中是会存在频率混叠现象。

## 思考题与讨论题

1．有哪几种理想滤波器？给出他们的频谱图形。

2．什么是“理想滤波器”？理想滤波器为什么不理想？

3．试推导两通道滤波器组的多相表示及输入、输出关系。

4．基于给定的低通滤波器原型$H_0(z)$，设计两通道正交滤波器组。

选取 $H_0(z)=G_0(z)$， $H_0(-z)=H_0(z)$， $-H_0(-z)=G_1(z)=-H_1(z)$

试证明：如果要保证综合滤波器组 $G_0(z)$ 和 $G_1(z)$ 能够准确重建原信号，则下式成立

$$\boldsymbol{G}_m\boldsymbol{H}_m^T=c\begin{bmatrix} z^{-k} & 0 \\ 0 & (-z)^{-k} \end{bmatrix}$$

式中，$c$ 为任意常数，$\boldsymbol{G}_m=\begin{bmatrix} G_0(z) & G_1(z) \\ G_0(-z) & G_1(-z) \end{bmatrix}$，$\boldsymbol{H}_m=\begin{bmatrix} H_0(z) & H_1(z) \\ H_0(-z) & H_1(-z) \end{bmatrix}$。

# 第 8 章　小波滤波器组的宽带波束形成

智能天线系统对信号的时变性要求较高，波束图的主瓣方向希望能够时刻指向期望信号的方向，而预波束处理算法需要优化选择期望信号的波束向量进行切换来实现对期望信号方向的跟踪，因此自适应宽带波束形成技术有着其独特的优点。传统的自适应波束形成是以处理窄带信号为主的，其信号处理的实现采用不随频率变化的单一权值更新，对宽带信号的处理直接使用窄带波束形成器，会造成波束方向图畸变以及分辨率降低等问题。为了实现低旁瓣的稳健宽带波束图，本章研究采用基于小波滤波器组的宽带波束形成算法，深入分析宽带波束形成特性，并对形成波束图的旁瓣进行优化设计。

## 8.1　宽带波束图

设空间中有一任意阵列，该阵列由 $M$ 个独立的阵元组成，接收信号频率范围为 $f_l \sim f_h$，则该阵列在频率 $f_k$ 处方向性函数为

$$Y(t)=\sum_{m=0}^{M-1} w_m s_m(t)=\boldsymbol{W}^T\boldsymbol{S}(t) \tag{8-1}$$

其中：$\boldsymbol{W}=[w_0,w_1,\cdots,w_{M-1}]^T$ 为阵列的加权矢量，$w_m$ 为第 $m$ 个阵元的加权系数；$\boldsymbol{S}(t)=s(t)\boldsymbol{A}(f_k,\theta)$ 为每个阵元上的接收信号；阵列的导向矢量表示为 $\boldsymbol{A}(f_k,\theta)=\left[\mathrm{e}^{-\mathrm{j}\frac{2\pi f_k}{c}d_1\sin\theta},\mathrm{e}^{-\mathrm{j}\frac{2\pi f_k}{c}d_2\sin\theta},\cdots,\mathrm{e}^{-\mathrm{j}\frac{2\pi f_k}{c}d_m\sin\theta}\right]^T$；第 $m$ 阵元相对于参考阵元的空间坐标为：$\boldsymbol{d}_m=[d_{xm},d_{ym},d_{zm}]^T$，从式(8-1)看出，阵列的方向性函数不仅是信号方向 $\theta$ 的函数，而且与信号频率 $f$ 有关。阵列的波束图表示为

$$G(f,\theta)=\left|\boldsymbol{W}^T\boldsymbol{A}(f,\theta)\right| \tag{8-2}$$

对于窄带目标信号，采用图 8-1 所示结构的移相模型的阵列处理器，可以对接收信号进行波束形成。但若采用移相方式的阵列处理器来处理宽带信号，由于信号带宽较大，阵列处理器只能对其中的参考频率进行调相对准，对于其他非参考频率，阵列波束指向与期望信号方向将会出现对不准现象。

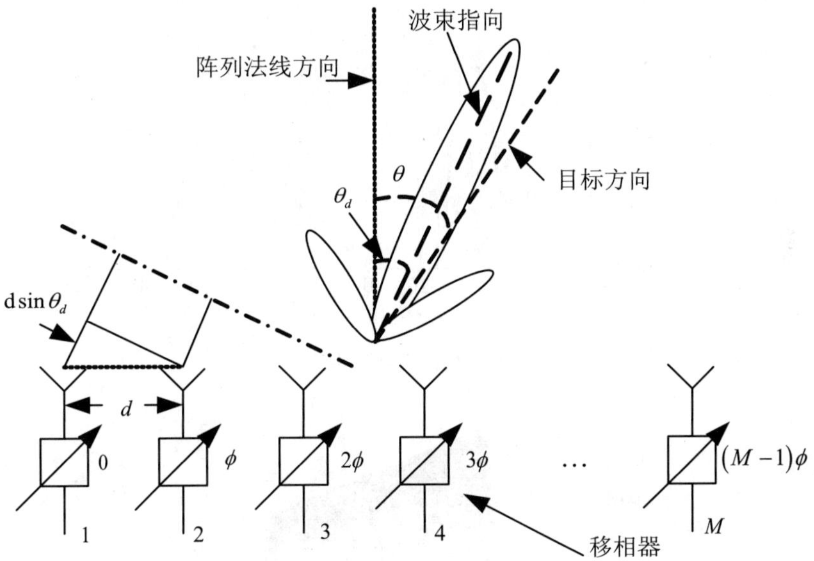


图 8-1　相控阵线性阵列波束扫描图

将期望信号方向为0°、中心频率为 $f_c = 20\text{kHz}$，信号带宽为 $B = 4\text{kHz}$ 的宽带信号，通过阵元间距为半波长的 16 阵元均匀线阵接收，采用窄带波束形成技术所得到的波束二维图和三维图，如图 8-2 所示。

从图 8-2 看出若以窄带波束形成技术的方法直接对宽带信号进行波束形成，波束会随着信号频率升高而变窄，这样对同一个方向的入射信号，信号的高频部分获得的增益将小于低频部分的增益，从而导致信号波形的变形。对于一个设计好的阵列，频率信号通过该阵列时可以等效于其通过一个空间滤波器，而空间滤波器的频率响应函数即为阵列的方向性函数。因此当不同频率的信号通过阵列时方向函数是不同的。对于频率差异很小的窄带信号，由于其可以被视为点信号，因此不存在波束图主瓣变换的问题；而对于宽带信号，由于所含的频率成分比较丰富，其通过空间滤波器时不同的频率成分对应的响应不同，从而造成接收信号的失真。

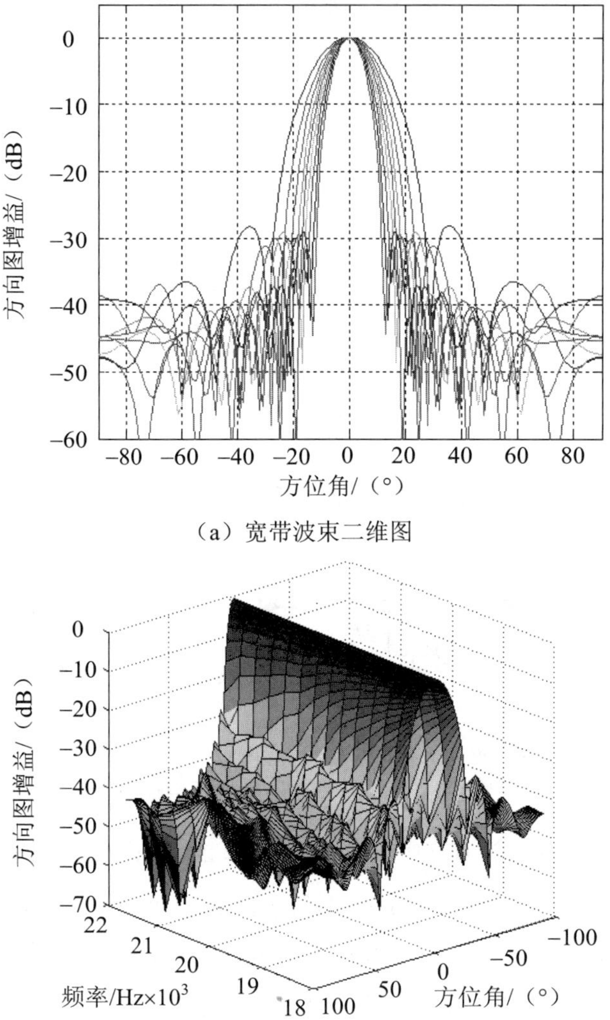


（a）宽带波束二维图

（b）宽带波束三维图

图 8-2　宽带波束图

## 8.2　频域宽带波束形成

对于传统的窄带波束形成而言，来波信号的频率（波长）是已知的，可以根据已知频率进行波束合成。而对于宽带波束形成系统，来波的确切载频和方向都是未知的，根据第四章和第五章确定来波信号的方向与频率，现在对宽带波束形成过程进行分析。

### 8.2.1 频域波束形成

频域宽带波束形成器示意框图如图 8-3 所示。

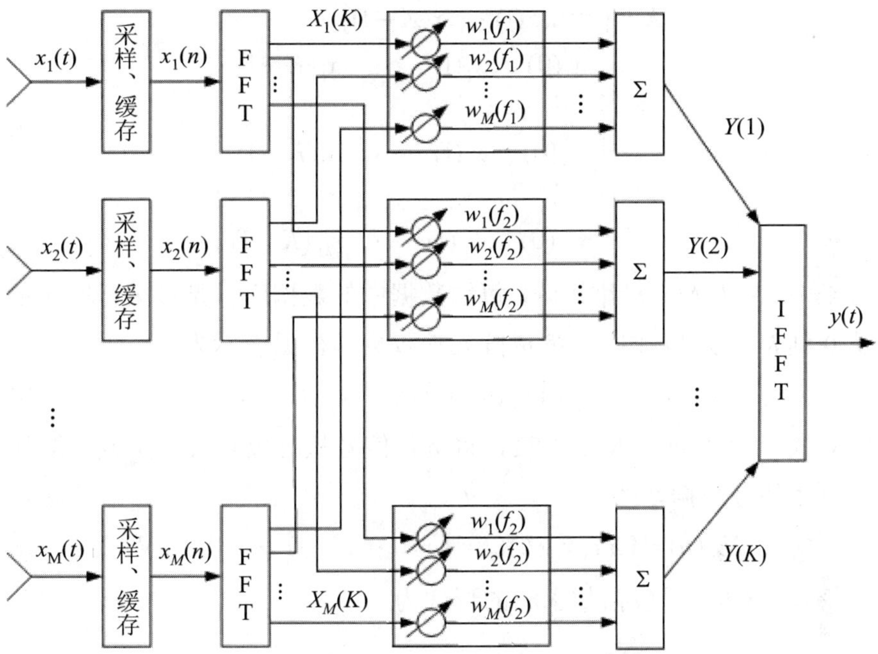


图 8-3 频域宽带波束形成器示意图

频域宽带波束形成方法是将天线阵列各阵元接收到的快拍数据进行分块，通过 FFT 变换得到各阵元的频域信号数据，这些频域数据是由各个子频率窄带数据组成。根据各子频率窄带信号数据设计相应的窄带波束形成器，将各子频率窄带数据进行相应的窄带波束形成处理，再对各子频率的窄带波束输出进行反傅里叶变换，得到整个宽带信号的时域输出。

系统阵列由 $M$ 个阵元组成，将各阵元接收到的连续时域宽带信号进行离散采样，得到宽带信号快拍数据模型，即

$$x(n)=x(t)\big|_{t=nT} \qquad n=1,2,\cdots,\infty \tag{8-3}$$

式（8-3）中 $T_s$ 为采样周期，相应的采样频率为 $f_s=1/T_s$。若第 $m$ 阵元中

第 $n$ 时刻接收到的快拍数据为 $x_m(n)$，则在观测时间内接收到的快拍数据可以表示为 $x_m(1),\cdots,x_m(n)$ 。

设接收到的第 $i$ 个数据段表示为矩阵 $\boldsymbol{X}^i$，每块数据的大小为 $K$ 。为分析方便且不失一般性，省略序数 $i$，考虑接收数据中的任意一块数据矩阵 $X$，并记作

$$\boldsymbol{X}=[x(0),x(1),\cdots,x(K-1)]$$
$$=\begin{bmatrix} x_1(0) & x_1(1) & \cdots & x_1(K-1) \\ \vdots & \vdots & \vdots & \vdots \\ x_m(0) & x_1(1) & \cdots & x_1(K-1) \\ \vdots & \vdots & \vdots & \vdots \\ x_M(0) & x_M(1) & \cdots & x_M(K-1) \end{bmatrix} \tag{8-4}$$

式(8-4)中，$\boldsymbol{X}$ 为 $M\times K$ 维矩阵，每块数据中的数据序号是按采样时刻的前后从 0 到 $K-1$ 进行排序。第 $m$ 阵元接收到的数据表示为

$$\boldsymbol{x}_m=[x_m(0),x_m(1),\cdots,x_m(K-1)] \tag{8-5}$$

对式（8-5）进行 $N$ 点 FFT，将宽带信号从时域转换到频域，得到 $N$ 个子频率信号数据，即

$$\boldsymbol{X}_m(n)=\mathrm{FFT}[\boldsymbol{x}_m(k)],\quad k=0,\cdots,K-1;\ n=0,\cdots,N-1 \tag{8-6}$$

将式（8-6）写成指数求和的形式为

$$\boldsymbol{X}_m(n)=\sum_{k=0}^{K-1}\boldsymbol{x}_m(k)\exp(-\mathrm{j}2\pi kn/N)\qquad n=0,1,\cdots,N-1 \tag{8-7}$$

式(8-7)中 $n(n=0,1,\cdots,N-1)$ 为信号数字频率，即数字频率的序号，并满足以下条件

$$f_n=f_s n/N,\ \ n=0,1,\cdots,N-1 \tag{8-8}$$

式（8-8）中 $f_s$ 为信号采样频率,宽带信号在频域上分解成 $N$ 个频宽为 $f_s/N$ 的子频率窄带。将数字频率为 $n$ 的子窄带频域数据表示为

$$\boldsymbol{X}(n)=[\boldsymbol{X}_1(n),\boldsymbol{X}_2(n),\cdots,\boldsymbol{X}_M(n)]^T\quad n=0,1,\cdots,N-1 \tag{8-9}$$

第 $m$ 阵元接收到的宽带信号在各子频率的窄带频域数据写成向量的表达式为

$$\boldsymbol{X}_m=[\boldsymbol{X}_1(0),\boldsymbol{X}_2(1),\cdots,\boldsymbol{X}_M(N-1)] \tag{8-10}$$

根据窄带波束形成方法可知，对各子频率窄带数据进行加权求和可得到各子频率的窄带波束形成输出。假定第 $m$ 阵元在第 $n$ 个子带 $f_n$ 上的加权系数为 $w_m(f_n)$，则子频率 $f_n$ 上的窄带波束加权向量可以表示为

$$\boldsymbol{w}(f_n)=[w_1(f_n),w_2(f_n),\cdots,w_M(f_n)]^T \tag{8-11}$$

阵列在各子频率上窄带波束输出为

$$\begin{aligned}Y(n)&=\boldsymbol{w}^H(f_n)X(n)\\&=\sum_{m=1}^{M}w^*(f_n)X_m(n)\end{aligned}\qquad n=0,1,\cdots,N-1 \tag{8-12}$$

最后，得到各子带的窄带波束输出 $Y(0),Y(1),\cdots,Y(N-1)$。对这些子频率窄带波束输出进行 $K$ 点的反傅里叶变换（IFFT），得到整个阵列的时域输出序列表达式为

$$y(k)=\mathrm{IFFT}[Y(n)]\qquad n=0,1,\cdots,N-1\qquad k=0,1,\cdots,K-1 \tag{8-13}$$

将式(8-13)展开，得到

$$y(k)=\frac{1}{N}\sum_{n=0}^{N-1}Y(n)\exp(\mathrm{j}2\pi kn/K)\qquad k=0,1,\cdots,K-1 \tag{8-14}$$

### 8.2.2 时频波束形成算法性能对比分析

图 8-4 为传统时域宽带波束形成器结构图。传统的时域宽带波束形成方法是先对阵列各阵元接收信号进行幅度加权，将加权后的信号经过一个时延滤波器进行相应的时间延迟补偿，再将滤波器的输出相加得到阵列时域输出。如图 8-4 所示的 $M$ 阵元宽带波束形成器，幅度加权值 $w_m(m=1,2,\cdots,M)$ 是用于形成期望波束形状，时延滤波器的作用是补偿相应的时间延迟以使得波束指向目标方向。

利用图 8-4 所示的波束形成器接收宽带信号，不能实现对宽带信号不同子频率成分进行不同加权和时间延迟处理。为了能让不同频率的信号经过滤波器得到不同的幅度相位响应，目前时域宽带波束形成方法采用如图 8-5 所示的时域宽带波束形成器结构图。

在图 8-5 中每个阵元后面紧接一个 FIR 滤波器，由于 FIR 滤波器对不同频率信号具有不同的频率响应，可以实现不同频率的延迟补偿。再

将滤波器的输出相加得到阵列时域输出。

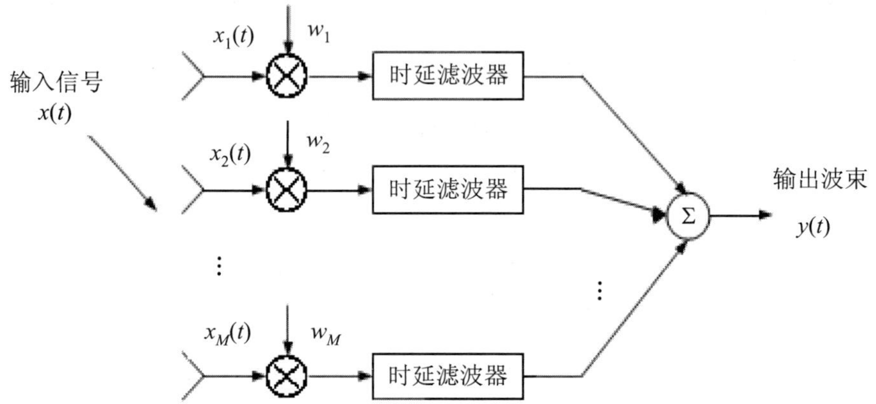


图 8-4　基于时延方式的时域宽带波束形成器结构图

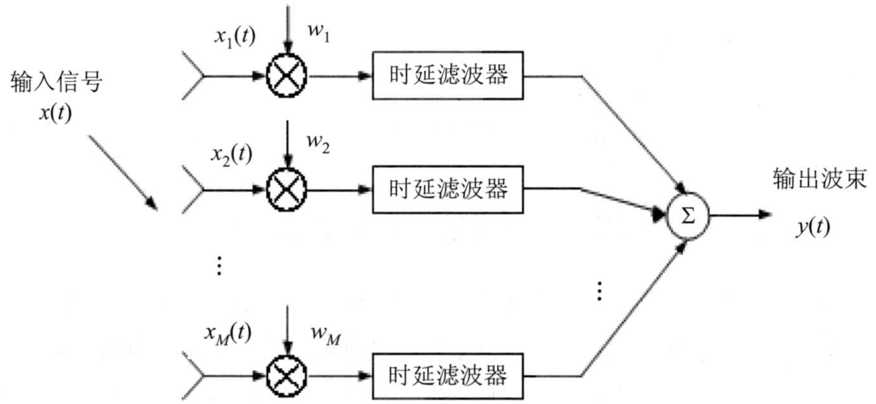


图 8-5　时域宽带波束形成器结构图

使用传统时延求和方式的宽带波束形成方法得到波束的主瓣会随着信号频率的不同而改变，只有当目标信号从波束最大响应值指向方向入射到阵列时，才会获得较好的波束输出性能且输出宽带信号频谱不畸变。一旦目标信号的入射方向不是从阵列波束响应最大值指向方向入射时，即使有一个很小的角度偏离，宽带波束形成器的信号输出频谱也会发生畸变，不再是入射信号的频谱。虽然基于 FIR 滤波器的时域宽带波束形成器能够得到阵列波束连续时域输出数据，但使用 FIR 滤波器，实现电路较复杂且费用昂贵，运算复杂度也被增加。

对于频域宽带波束形成器，每个阵元通道中加入 $K$ 点 FFT，采样周期为 $T_s$，假设式(8-7)中第 $m$ 阵元的 FFT 滤波器组中第 1 点的输入信号为

$$x_{m1}(t)=\mathrm{e}^{\mathrm{j}\omega t} \tag{8-15}$$

则第 $m$ 阵元第 $k$ 点的信号为：$x_{mk}(t)=\mathrm{e}^{\mathrm{j}\omega[t-(k-1)T_s]}$，第 $m$ 阵元滤波器组输出分别为 $y_{m1},y_{m2},\cdots,y_{mk}$，对于频点 $n$ 的滤波器，其输出信号表达式为

$$\begin{aligned}y_{mn}&=\sum_{k=1}^{K}x_{mk}\mathrm{e}^{-\mathrm{j}(2\pi/K)(k-1)(n-1)}\\&=\sum_{k=1}^{K}\mathrm{e}^{-\mathrm{j}(k-1)[\omega T_s+(2\pi/K)(n-1)]}\mathrm{e}^{\mathrm{j}\omega t}\end{aligned} \tag{8-16}$$

对于式(8-16)的传递函数表达式为

$$\begin{aligned}H_n(\omega)&=\sum_{k=1}^{K}\mathrm{e}^{-\mathrm{j}(k-1)[\omega T_s+(2\pi/K)(n-1)]}\\&=\mathrm{e}^{-\mathrm{j}(K-1)/2[\omega T_s+(2\pi/K)(n-1)]}\frac{\sin\dfrac{K}{2}\left[\omega T_s+\dfrac{2\pi}{K}(n-1)\right]}{\sin\dfrac{1}{2}\left[\omega T_s+\dfrac{2\pi}{K}(n-1)\right]}\end{aligned} \tag{8-17}$$

这里 $H_n(\omega)$ 是频率的周期函数，它的峰值是：

$$\omega=\frac{2\pi}{T_s}\left[i-\frac{n-1}{K}\right],\qquad i=\cdots,-2,-1,0,1,2,\cdots \tag{8-18}$$

当给定 $n$ 值时，在频率轴上 $H_n(\omega)$ 的峰值每隔 $2\pi/T_s$ 出现，对于临近的 $n$ 值，波峰以 $2\pi/(KT_s)$ 均匀分布。当采样间隔 $T_s$ 等于抽头延迟间隔 $T_0$ 时，抽头延迟形式的时域波束形成器可以与 FFT 变换的宽带频域波束形成器等价。由于 FFT 要求采样率必须满足莱奎斯特采样定理，虽然从理论上通过频域处理的宽带波束形成技术相比加抽头延迟的阵列相比并不能提高宽带特性，但随着天线阵元的增加，延时处理的硬件会随之增加，成本会被提高。因此，频域处理方法为后续处理提供了数字解调，较好的改善一致性和解调精度问题，使整个系统在体积，功耗等方面得到改进。

## 8.3 小波滤波器组的宽带波束形成算法

由于数字宽带波束形成技术的频域实现是将阵列接收的信号划分为若干个能看成是窄带信号的子带信号，对每个子带中对信号进行波束形成后再合成输出。而基于多分辨理论的多通道数据采集方法，对信号进行不同速率的小波分解，然后再进行小波重构，完成小波滤波器组的宽带波束形成算法，降低 FFT 变换中采样率必须满足莱奎斯特采样定理的要求。因此在波束形成中，采用 3.4.3 节所研究的小波滤波器组将低通滤波器 $H(\omega)$ 和高通滤波器 $G(\omega)$ 作为频带的分割滤波器，实现对输入信号的多通道频带分割。

### 8.3.1 时频结合频率不变波束形成

由于频域宽带波束形成要将阵列接收的快拍数据进行分块处理，不具有实时性，但运算量小；而时域宽带波束形成则能对阵列接收数据进行实时处理，但运算量大，因而采用时频结合的频率不变波束形成方法，对阵列接收到的宽带信号先划分为若干个子频率窄带，在每个子频率窄带分别进行时域宽带波束形成得到相应的加权向量，使子频率上的窄带波束主瓣相同。

为了使各子频率上形成的波束主瓣相同，需要对各子频率窄带进行不同的加权，考虑阵元个数为 $N$ 的线性阵列的子带波束形成结构由子带分解滤波器组和每个子带的频率不变波束形成器构成，如图 8-6 所示，图中 $FIB_m$ 为第 $m$ 个子带的频率不变波束形成器，其结构如图 8-7 所示。

在式（8-19）中，$c$ 为光传播速度，$d=\lambda_{\min}/2=cT_s$，归一化频率 $\Omega=\omega T_s$，而 $T_s=T_{\max}/2$，式（8-19）变为

$$X_l(\mathrm{e}^{\mathrm{j}\Omega})=X_0(\mathrm{e}^{\mathrm{j}\Omega})\mathrm{e}^{-\mathrm{j}l\cos\theta\Omega} \quad （l=0,1,\cdots N-1） \tag{8-19}$$

阵列接收到的信号为 $x_l(t)\ (l=0,1,\cdots,N-1)$，信号的傅里叶变换为 $X_l(\mathrm{e}^{\mathrm{j}\omega})\ (l=0,1,\cdots,N)$。假定阵元间距为 $d$，信号到达角度为 $\theta$，则有

$$X_l(\mathrm{e}^{\mathrm{j}\omega})=X_0(\mathrm{e}^{\mathrm{j}\omega})\mathrm{e}^{-\mathrm{j}l\frac{\omega\cos\theta}{c}d} \quad l=0,1,\cdots N-1 \tag{8-20}$$

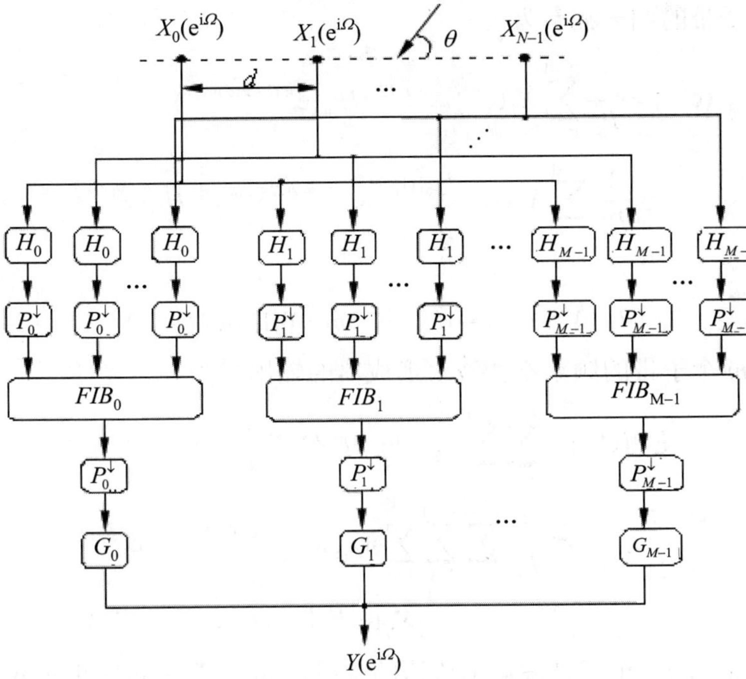


图 8-6　子带波束形成器结构

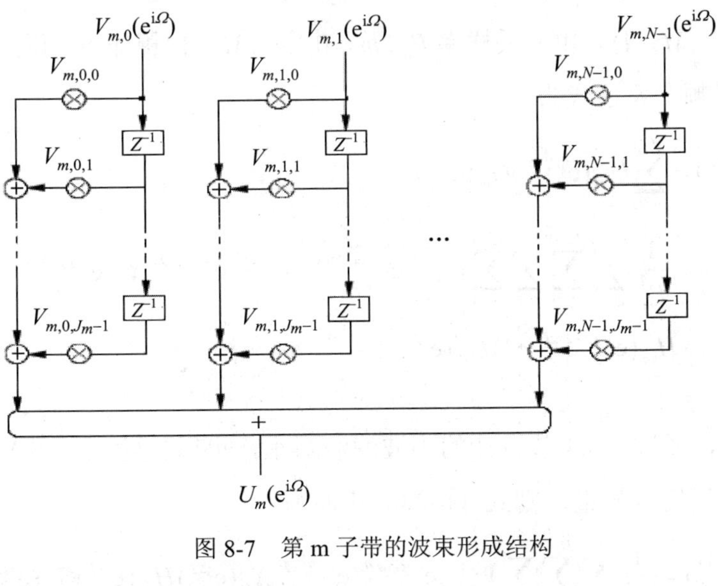


图 8-7　第 m 子带的波束形成结构

阵列接收到的信号被 $M$ 通道分析滤波器 $h_m[n]$ 分成了 $M$ 个子带。分析滤波器的频率响应为 $H_m(e^{j\Omega})$ $(m=0,1,\cdots,M-1)$，下采样倍率为 $P_m^{\downarrow}$ 时，

第 $m$ 个子带的归一频率为

$$V_{m,l}(\mathrm{e}^{\mathrm{j}\Omega})=\frac{1}{P_m^{\downarrow}}\sum_{d=0}^{P_m^{\downarrow}-1}X_l(\mathrm{e}^{\mathrm{j}(\Omega-2\pi d)/P_m^{\downarrow}})H_m(\mathrm{e}^{\mathrm{j}(\Omega-2\pi d)/P_m^{\downarrow}})$$
$$=\frac{1}{P_m^{\downarrow}}\sum_{d=0}^{P_m^{\downarrow}-1}X_0(\mathrm{e}^{\mathrm{j}(\Omega-2\pi d)/P_m^{\downarrow}})\mathrm{e}^{-\mathrm{j}l\cos\theta(\Omega-2\pi d)/P_m^{\downarrow}}H_m(\mathrm{e}^{\mathrm{j}(\Omega-2\pi d)/P_m^{\downarrow}}) \tag{8-21}$$

（$l=0,1,\cdots,N-1 \qquad m=0,1,\cdots,M-1$）

第 $m$ 个子带的频率不变波束形成器的输出量为

$$U_m(\mathrm{e}^{\mathrm{j}\Omega})=\sum_{k=0}^{J_m-1}\sum_{l=0}^{N-1}w_{m,k,l}V_{m,l}(\mathrm{e}^{\mathrm{j}\Omega})\mathrm{e}^{-\mathrm{j}\Omega k}$$
$$=\frac{1}{P_m^{\downarrow}}\sum_{d=0}^{P_m^{\downarrow}-1}\sum_{k=0}^{J_m-1}\sum_{l=0}^{N-1}w_{m,k,l}\mathrm{e}^{-\mathrm{j}l\cos\theta(\Omega-2\pi d)/P_m^{\downarrow}}\mathrm{e}^{-\mathrm{j}\Omega k} \tag{8-22}$$
$$\cdot X_0(\mathrm{e}^{\mathrm{j}(\Omega-2\pi)})H_m(\mathrm{e}^{\mathrm{j}(\Omega-2\pi d)/P_m^{\downarrow}})$$

其中 $J_m$ 是第 $m$ 个子带波束形成器的延时，$w_{m,k,l}$ 为子带波束形成器的权重。当子带输出 $u_m[n]$ $(m=0,1,\cdots,M-1)$ 通过合成滤波器 $G_m(e^{j\Omega})$ $(m=0,1,\cdots,M-1)$，和上采样率 $P_m^{\uparrow}$ $(m=0,1,\cdots,M-1)$相加后，得到输出为 $y(n)$，其频率表达式为

$$Y(\mathrm{e}^{\mathrm{j}\Omega})=\sum_{m=0}^{M-1}U_m(\mathrm{e}^{\mathrm{j}P_m^{\uparrow}\Omega})G_m(\mathrm{e}^{\mathrm{j}\Omega})$$
$$=\frac{1}{P_m^{\uparrow}}\sum_{d=0}^{P_m^{\uparrow}-1}\sum_{k=0}^{J_m-1}\sum_{l=0}^{N-1}\sum_{m=0}^{M-1}w_{m,k,l}\,\mathrm{e}^{-\mathrm{j}l\cos\theta(\Omega-2\pi d/P_m^{\uparrow})}\mathrm{e}^{-\mathrm{j}P_m^{\uparrow}\Omega k}X_0(\mathrm{e}^{\mathrm{j}(\Omega-2\pi d/P_m^{\uparrow})})$$
$$\times H_m(\mathrm{e}^{\mathrm{j}(\Omega-2\pi d/P_m^{\uparrow})})G_m(\mathrm{e}^{\mathrm{j}\Omega}) \tag{8-23}$$

因此，通过 3.3.4 节设计的小波滤波器组，可以使输出信号 $Y(e^{j\Omega})$ 中只含有期望信号分量，则式（8-23）化简为

$$Y(\mathrm{e}^{\mathrm{j}\Omega})=\frac{1}{P_m^{\uparrow}}\sum_{m=0}^{M-1}\sum_{k=0}^{J_m-1}\sum_{l=0}^{N-1}w_{m,k,l}\mathrm{e}^{-\mathrm{j}l\cos\theta\Omega}\mathrm{e}^{-\mathrm{j}P_m^{\uparrow}\Omega k}X_0(\mathrm{e}^{\mathrm{j}\Omega})H_m(\mathrm{e}^{\mathrm{j}\Omega})G_m(\mathrm{e}^{\mathrm{j}\Omega}) \tag{8-24}$$

波束形成器的响应为

$$R(\theta,\Omega)=\frac{Y(\mathrm{e}^{\mathrm{j}\Omega})}{X_0(\mathrm{e}^{\mathrm{j}\Omega})}=\frac{1}{P_m^{\uparrow}}\sum_{m=0}^{M-1}\sum_{k=0}^{J_m-1}\sum_{l=0}^{N-1}w_{m,k,l}\mathrm{e}^{-\mathrm{j}l\cos\theta\Omega}\mathrm{e}^{-\mathrm{j}P_m^{\uparrow}\Omega k}H_m(\mathrm{e}^{\mathrm{j}\Omega})G_m(\mathrm{e}^{\mathrm{j}\Omega})$$
$$=w^T s(\theta,\Omega) \tag{8-25}$$

其中有

$$\begin{cases}w=[w^T{}_{sub0},w^T_{sub1},\cdots w^T{}_{subM-1}]^T\\ w_{subm}=[w_{m,0,0},\cdots w_{m,N-1,0},\cdots,w_{m,0,J_m-1},\cdots,w_{m,N-1,J_m-1}]\\ s(\theta,\Omega)=[s^T_{sub0}(\theta,\Omega)H_0(\mathrm{e}^{\mathrm{j}\Omega})G_0(\mathrm{e}^{\mathrm{j}\Omega}),s^T_{sub1}(\theta,\Omega)H_1(\mathrm{e}^{\mathrm{j}\Omega})G_1(\mathrm{e}^{\mathrm{j}\Omega}),\cdots,\\ \qquad s^T_{subM-1}(\theta,\Omega)H_{M-1}(\mathrm{e}^{\mathrm{j}\Omega})G_{M-1}(\mathrm{e}^{\mathrm{j}\Omega})]^T\\ s_{subm}(\theta,\Omega)=[1,\cdots\mathrm{e}^{-\mathrm{j}\Omega(N-1)\cos\theta},\cdots,\mathrm{e}^{-\mathrm{j}\Omega P_m^{\uparrow}(J_m-1)},\cdots,\mathrm{e}^{-\mathrm{j}\Omega[P_m^{\uparrow}(J_m-1)+(N-1)\cos\theta]}]^T\end{cases} \tag{8-26}$$

在频率不变波束形成算法中对每个子带采用最小二乘法，其代价函数表达式为

$$J=\alpha\int_{\Omega}\int_{\Theta}\left|w^T_{subm}s_{subm}(\theta,\Omega)-w^T_{subm}s_{subm}(\theta,\Omega_0)\right|^2\mathrm{d}\Omega\mathrm{d}\theta$$
$$+(1-\alpha)\int_{\Theta_s}\left|w^T_{subm}s_{subm}(\theta,\Omega_0)\right|^2\mathrm{d}\theta$$
$$m=0,1,\cdots,M-1 \tag{8-27}$$

式（8-27）中，$w^T_{subm}s_{subm}(\theta_0,\Omega_0)=1$；$\alpha$ 是代价函数的权重；$\Omega_0$ 是参考频率点；$\theta_0$ 是期望方向；$\Theta$ 为主瓣区域，$\Theta_s$ 是旁瓣区域。式（8-27）化简为

$$\begin{cases}J=w^T_{subm}Qw_{subm}\\ C^Tw_{subm}=f\end{cases} \tag{8-28}$$

在式（8-28）中，有

$$\begin{cases}Q=\alpha\int_{\Omega}\int_{\Theta}\mathrm{Re}\{(s_{subm}(\theta,\Omega)-s_{subm}(\theta,\Omega_0)(s_{subm}(\theta,\Omega)-s_{subm}(\theta,\Omega_0))^H\}\mathrm{d}\Omega\mathrm{d}\theta\\ \qquad +(1-\alpha)\int_{\Theta_s}\mathrm{Re}\{s_{subm}(\theta,\Omega_0)s_{subm}(\theta,\Omega_0)^H\}\mathrm{d}\theta\\ C=[s_{subm}(\theta_0,\Omega_0)_R,s_{subm}(\theta_0,\Omega_0)_I]\\ f=[1,0]^T\end{cases} \tag{8-29}$$

其中，Re{ }表示实部，$s_{subm}(\theta_0,\Omega_0)_R$ 和 $s_{subm}(\theta_0,\Omega_0)_I$ 分别代表 $s(\theta_0,\Omega_0)$ 的

实部和虚部，通过拉格朗日乘数法从式(8-28)得到

$$w_{subm}=Q^{-1}C(C^{T}QC)^{-1}f \tag{8-30}$$

假设阵列系统为均匀线阵，阵元个数为 8，采用第 3.3.3 节中 Db10 小波构造原型滤波器，幅频响应特性如图 3-4 所示。小波滤波器组为 6 通道，子带通道的抽取率为 3，宽带信号中心频率为 $f_c=20\text{kHz}$，信号带宽为 $B=4\text{kHz}$，$SNR=20\text{dB}$，$\alpha=0.1$，期望信号角度为 0°，旁瓣区域为 $[-18^{\circ},-90^{\circ}]\cup[18^{\circ},90^{\circ}]$。

在图 8-8 中，图 8-8（a）为 6 个子通道的分别波束形成图，由于不同通道中信号频率范围不一样，因而对于具有较高信号频率范围的第 1 子通道的旁瓣较高；具有较低信号频率范围的第 6 子通道的旁瓣较低。图 8-8（b）为时频结合的宽带波束系统子通道合成后的二维和三维波束图。从图可知接收的信号通过子通道产生的波束图后，主瓣宽度能在整个工作频率范围内具有良好的不变性，从而保证输出的宽带信号频谱不畸变。

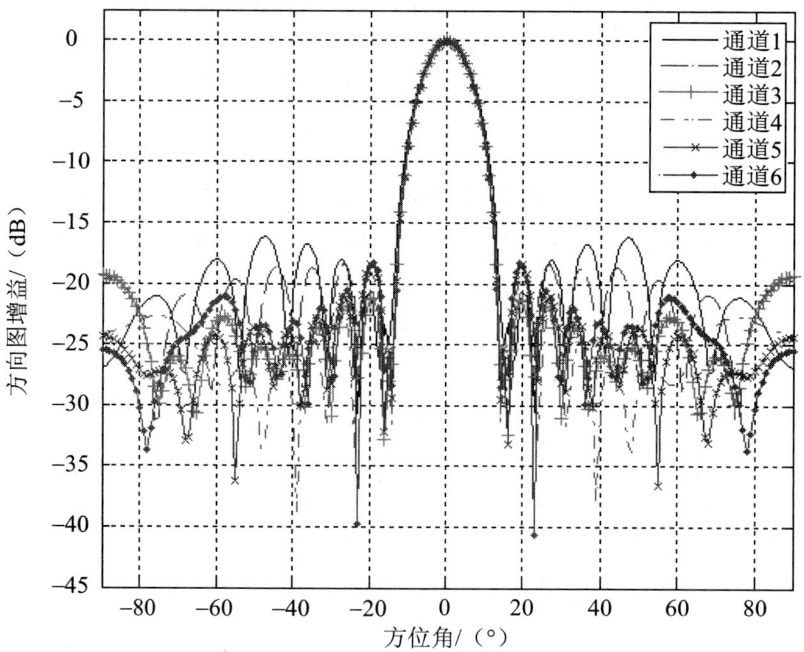


（a）各通道的波形二维图

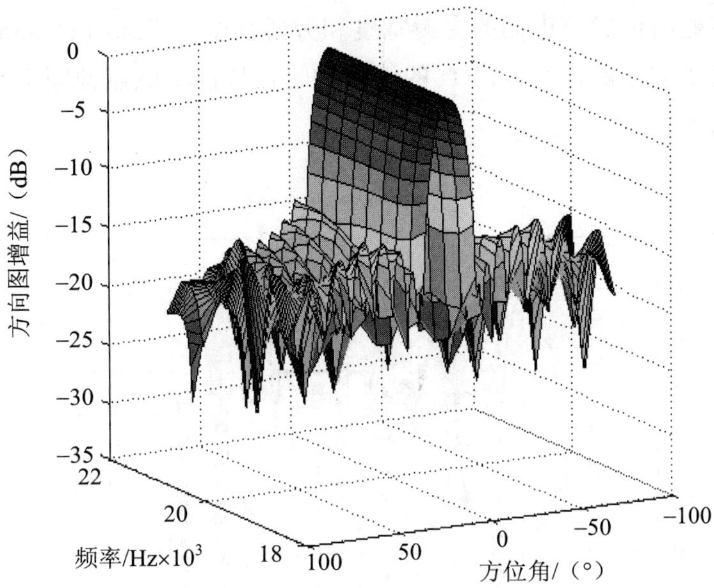


（b）合成波形的三维图

图 8-8 基于六通道滤波器组的波束形成

## 8.3.2 低旁瓣的波束形成

从 8.2.1 节的分析可以知道，FFT 具有滤波器的特点，当用不同的窗函数时，最大旁瓣比和主瓣宽度是不一样的。因此在频域波束形成技术中，用不同的窗函数进行短时傅里叶变换最终所形成波束图的旁瓣高度和零陷深度是不同的。

图 8-9 为期望信号从 0°的方向入射在阵元数目为 16 的均匀线阵上，采用多种窗函数所形成的波束图。其工作条件：阵元间距为期望信号的半波长，干扰信号方向为 40°的，干扰信号的信噪比为 30dB，期望信号的信噪比为 5dB，宽带信号中心频率为 $f_c = 20\text{kHz}$，信号带宽为 $B = 4\text{kHz}$。

在图 8-9 中，图 8-9（a）为不同窗函数下的波束形成二维图，图 8-9（b）为图 8-9（a）中虚框区域的放大图。从图 8-9（a）可知，采用 FFT 变换后再经过加窗函数处理虽然可以降低旁瓣，但同时也会展宽主瓣。从图 8-9（b）中可以看出，采用 Blackman 窗函数形成的波束图中其主瓣最宽，而过宽的主瓣会使得波束的指向性不好。采用 Bartelett 窗函数形成的波束图中其旁瓣最高，而高的旁瓣会产生频谱分辨率降低。因此在通常为兼顾所形成波束图的主瓣宽度和旁瓣高度一般选用 Hamming 窗函数。但对于非平稳信号，FFT 的固定的时窗特性不能兼顾频率与时间分辨率的需求。

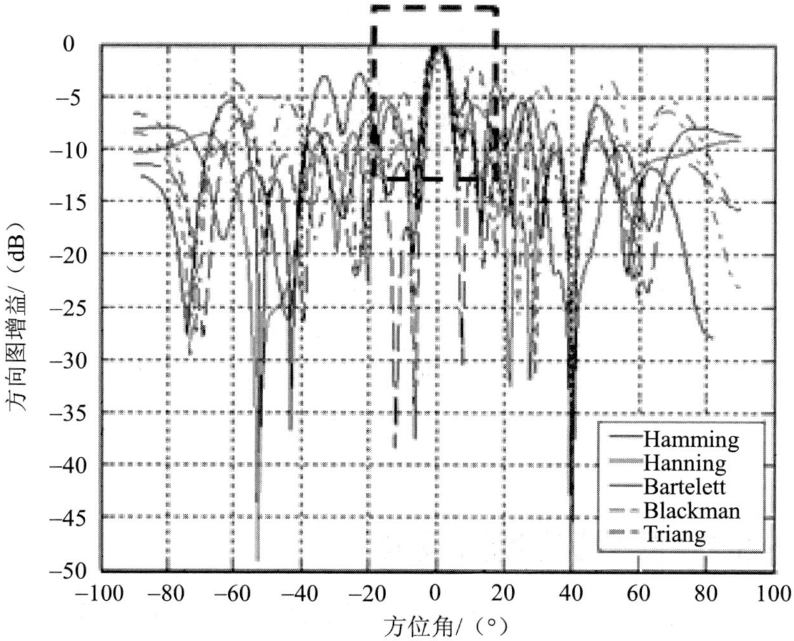


（a）波束图二维图

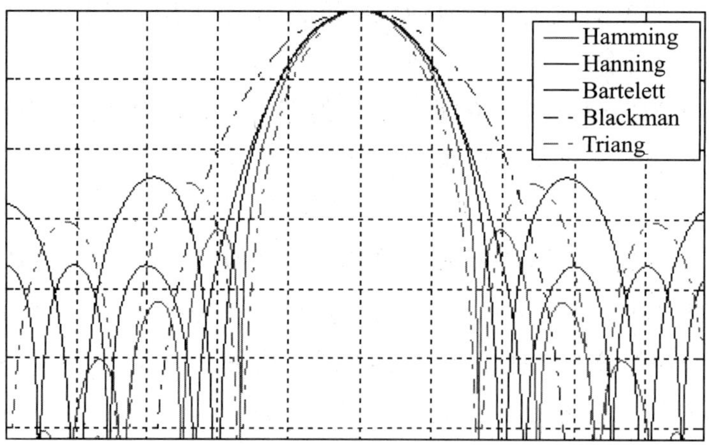


（b）虚线框区域波形放大

图 8-9 不同窗函数下的波束形成

在图 8-10 中，分析滤波器组为 H，综合滤波器组为 G，图 8-10 是图 8-6 子带波束形成器的简化结构图。

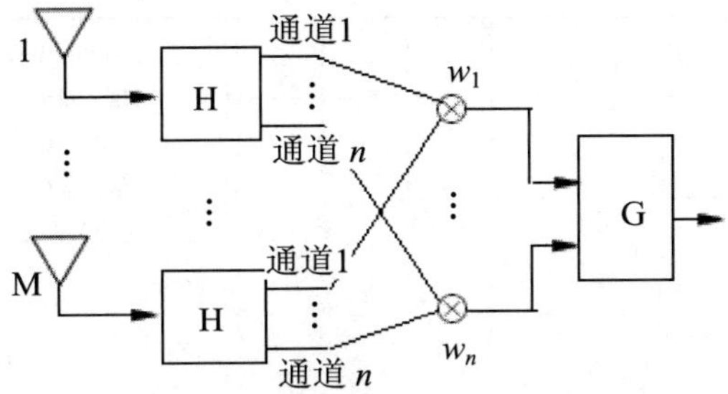


图 8-10　基于小波滤波器组的波束形成器

设有限样本序列为 $\{x[n], n=1,2,\cdots,N\}$，频率带宽为 $|\omega|<\pi$，信号的傅里叶变换为

$$S(\mathrm{e}^{\mathrm{j}2\pi f})=\frac{1}{N}\left|\sum_{n=1}^{N}x[n]\mathrm{e}^{-\mathrm{j}2\pi fn}\right|^2 \tag{8-31}$$

对于给任意频率 $f_i$ 信号，且 $\left|\mathrm{e}^{(\mathrm{j}2\pi f_i N)}\right|=1$，则式（8-31）变为

$$\begin{aligned}S(\mathrm{e}^{\mathrm{j}2\pi f_i})&=\frac{1}{N}\left|\sum_{n=1}^{N}x[n]\mathrm{e}^{-\mathrm{j}2\pi f_i n}\right|^2\\&=\frac{1}{N}\left|\sum_{n=1}^{N}x[n]\mathrm{e}^{\mathrm{j}2\pi f_j(N-n)}\right|^2\end{aligned} \tag{8-32}$$

设 $k=N-n$，则式（8-32）变为

$$h_i[k]=\begin{cases}\omega[k]\mathrm{e}^{\mathrm{j}2\pi f_i k} & k=0,1,2,\cdots,N-1\\ 0 & k\neq 0,1,2,\cdots,N-1\end{cases} \tag{8-33}$$

其中，窗函数表达式为：$\omega[k]=1/\sqrt{N}$。在式(8-33)中，$h_0[k]=\omega[k]$ 为原型低通滤波器，$h_i[k](i\neq 0)$ 是由调节原型滤波器的中心频率系数构成的一组带通滤波器。因此，小波滤波器组的第 $k^{th}$ 频带的功率谱密度为

$$S(f_k)=\frac{\phi(f_k)}{N_s f_k}\qquad 1\leqslant k\leqslant 2^J \tag{8-34}$$

其中，$\phi(f_k)$ 为第 $k^{th}$ 频带能量，$N_s$ 为输入样本数目。

分别考虑 $SNR=10\mathrm{dB}$ 的信号能量集中在频率为 0.5π 的点上和

$(0.25\pi, 0.75\pi)$ 频率范围内，分别采用加 Rectangle,Hamming 窗的周期谱估计法和采用小波滤波器组的谱估计法比较，结果如图 8-11(a)(b)所示。

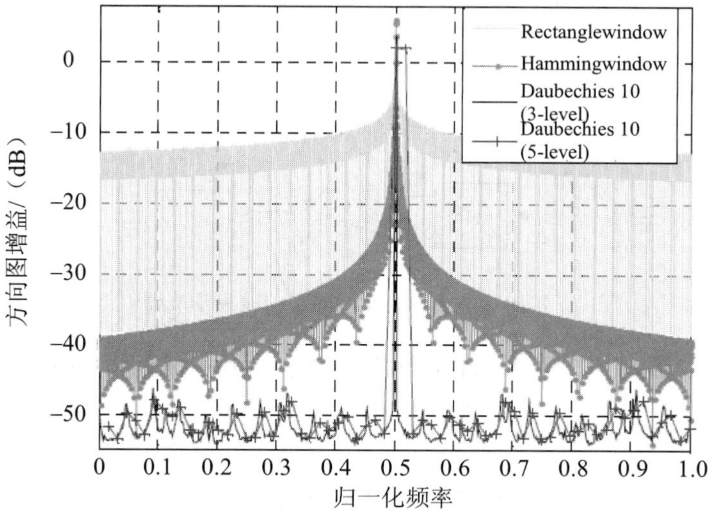


（a）信号的能量集中在频率点上

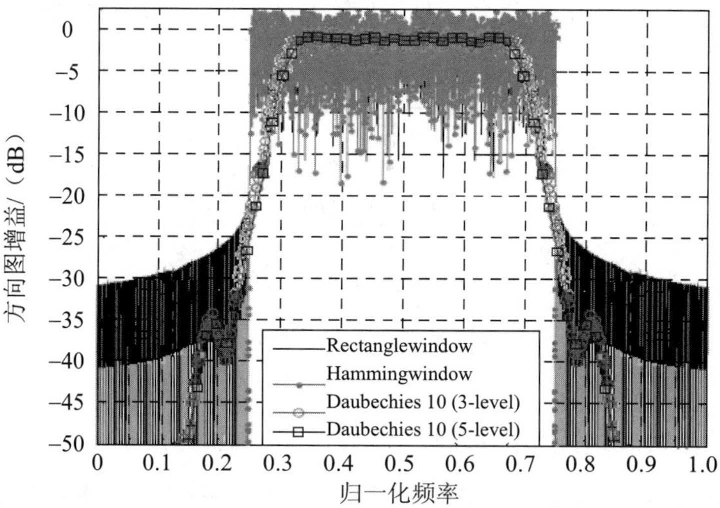


（b）信号的能量集中在频率范围内

图 8-11　小波滤波器组的谱估计法和周期谱估计法比较

由于在无线通信系统中期望信号在子带外的衰减越大则其被泄露到相邻信道的能量就越小，相邻子带之间的互相干扰也会较小。从图 8-11 可知，使用了 Hamminng 和 Rectangle 窗函数的功率谱估计中功率谱的起伏剧烈，容易出现虚假谱峰，较高的旁瓣会使得主瓣的功率谱泄露到相邻的旁瓣中，造成主瓣功率谱的降低。从图 8-11(a)中看出小波滤波器组的功率谱分辨率最高，因此采用基于小波滤波器组的宽带波束形成方法要比加窗方法形成的波束图具有更低的旁瓣，且对主瓣宽度的影响较小。相比于经过 FFT 滤波器组，信号经过小波滤波器组分解后邻频道干扰被减小，并提高了频谱利用率。

假设期望信号从0°的方向入射在阵元数目为16的均匀线阵上所形成的波束图，阵元间距为期望信号的半波长，期望信号方向为 0°，信干噪比为 5dB，干扰信号方向为 40°，干扰信号的信噪比为 30dB，期望宽带信号的中心频率为 $f_c = 20\text{kHz}$，信号带宽为 $B = 4\text{kHz}$。采用第 8.3.3 节中 Db10 小波构造原型滤波器，幅频响应特性如图 8-4 所示。小波滤波器组采用 6 个子通道，子带通道的抽取率为 3，图 8-12 分别为采用 FFT 变换后加 Hamming 窗函数，不加窗函数和采用小波滤波器组的波束形成图。由于在子通道波束形成中第 1 子通道的旁瓣相对较高，因而对不同窗函数形成的第 1 子通道波束进行比较。图 8-12（a）为子通道 1 所形成的波束二维图，图 8-12（b）为采用小波窗函数后宽带波束系统子通道合成所形成的波束三维图。

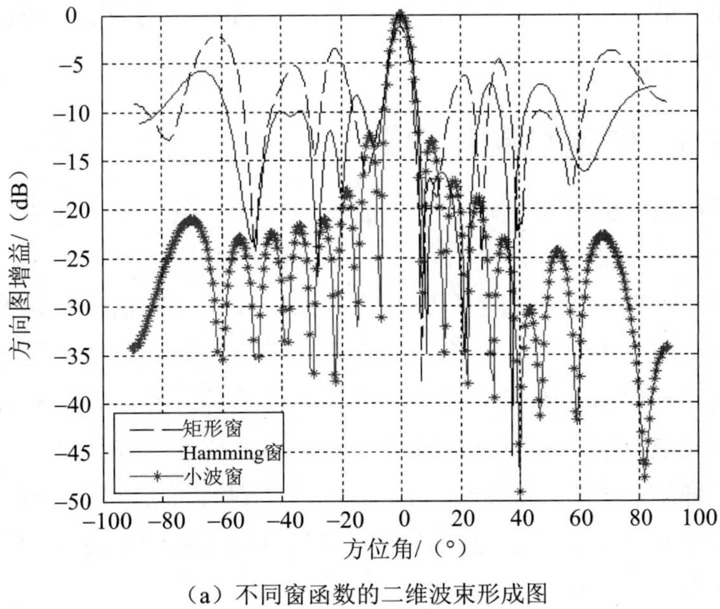


（a）不同窗函数的二维波束形成图

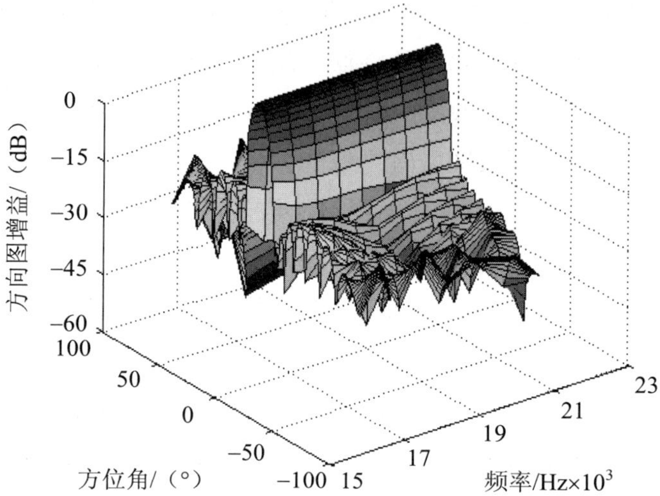


（b）基于小波窗函数的波束形成三维图

图 8-12　在不同窗函数下的波束形成

从图 8-12(a)看出，三种波束形成图都在 40° 的干扰处形成了零陷，在期望方向 0° 形成有效的主瓣。从图 8-12(a)看出加 Hamming 窗的波束图的旁瓣低于原始的波束图的旁瓣约 5—8dB，而加小波窗的波束图的旁瓣低于加 Hamming 窗的波束图的旁瓣 8—10dB，并且在干扰信号处所形成的零陷宽于加 Hamming 窗的方法。对于主瓣的宽度，从图中看出加小波窗的主瓣宽度最窄，因而其指向性优于加 Hamming 窗函数的波束图和不加窗函数的波束图。

### 8.3.3　稳健的波束形成

为了在系统的阵元通道响应不能充分估计的条件下，对小波滤波器组波束形成算法采用约束项的方法形成稳健的波束图。

自适应阵列波束形成是在假设阵列系统以及空间信号和传播环境特性在理想情况下得到的，如阵列各阵元通道与信号匹配特性较好，阵元的方向图没有误差，阵元位置不存在扰动误差等。然而，在实际应用系统中，阵元通道响应并不是精确已知的，阵元位置存在扰动误差，这种不确定性将使系统的性能降低，因此需要构造稳健的宽带波束形成。

假设在理想情况下的 $M$ 个阵元的均匀直线阵列中第 $m$ 阵元的方向图响应函数为

$$g_m = a_m \mathrm{e}^{\mathrm{j}\varphi_m} \tag{8-35}$$

其中，$a_m$ 和 $\varphi_m$ 分别为第 $m$ 阵元理想的幅度响应值和相位响应值。理想情况下第 $m$ 阵元通道响应表示为

$$h_m = I_m \mathrm{e}^{\mathrm{j}\psi_m} \tag{8-36}$$

其中，$I_m$ 和 $\psi_m$ 分别为第 $m$ 阵元通道响应理想的幅度响应值和相位响应值。$L_m$ 为理想情况下第 $m$ 阵元的位置向量。在不存在误差时的理想阵列系统中，阵列远场方向图为

$$\begin{aligned} Y &= \sum_{m=1}^{M} w_m h_m a_m \mathrm{e}^{\mathrm{j}\left(\varphi_m - \frac{2\pi}{\lambda} L_m\right)} \\ &= \sum_{m=1}^{M} w_m I_m \mathrm{e}^{\mathrm{j}\psi_m} a_m \mathrm{e}^{\mathrm{j}\left(\varphi_m - \frac{2\pi}{\lambda} L_m\right)} \end{aligned} \tag{8-37}$$

在实际阵列模型中，阵列阵元各参数分别可以表示为

$$\begin{cases} a_m^* = a_m(1+\Delta a_m) \\ \varphi_m^* = \varphi_m(1+\Delta\varphi_m) \\ I_m^* = I_m(1+\Delta I_m) \\ \psi_m^* = \psi_m(1+\Delta\psi_m) \\ L_m^* = L_m(1+\Delta L_m) \end{cases} \tag{8-38}$$

式（8-38）中，$\Delta a_m, \Delta\varphi_m, \Delta I_m, \Delta\psi_m, \Delta L_m$ 分别表示第 $m$ 阵元幅度随机误差变量、相位随机误差变量、第 $m$ 阵元通道响应幅度随机误差变量和相位随机误差变量、阵元位置随机误差向量。上述各变量为统计互不相关的零均值高斯任意变量，相应地，各变量方差分别表示为 $\sigma_a^2, \sigma_\varphi^2, \sigma_I^2, \sigma_\psi^2, \sigma_L^2$。存在误差时，阵列实际远场方向图为一个任意函数，其幅度平方的期望值为

$$\begin{aligned} E\left(\left|Y^*\right|^2\right) &= E\left\{\sum_{m=1}^{M}\sum_{k=1}^{M} w_m I_m^* \mathrm{e}^{\mathrm{j}\psi_m^*} a_m^* \mathrm{e}^{\mathrm{j}\left(\varphi_m^* - \frac{2\pi}{\lambda} L_m^*\right)} \cdot w_k I_k^* \mathrm{e}^{\mathrm{j}\psi_k^*} a_k^* \mathrm{e}^{\mathrm{j}\left(\varphi_k^* - \frac{2\pi}{\lambda} L_k^*\right)}\right\} \\ &= E\left\{\sum_{m=1}^{M} w_m w_k \sum_{k=1}^{M} I_m(1+\Delta I_m) I_k(1+\Delta I_k) a_m(1+\Delta a_m) a_k(1+\Delta a_k)\right. \\ &\quad \left. \cdot \mathrm{e}^{\mathrm{j}(\varphi_m+\Delta\varphi_m+\varphi_k+\Delta\varphi_k+\psi_m+\Delta\psi_m+\psi_k+\Delta\psi_k)} \mathrm{e}^{-\mathrm{j}\frac{2\pi}{\lambda}(L_m+\Delta L_m+L_k+\Delta L_k)}\right\} \end{aligned} \tag{8-39}$$

假定阵元方向图函数为全向单位响应，且将阵元幅相响应误差等效于阵元通道响应误差，通过式（8-39）得到实际阵列远场方向图函数的期望表达式为

$$
\begin{aligned}
E\left(\left|Y^*\right|^2\right)=&\sum_{m=1}^{M}\sum_{k=1}^{M} w_m w_k I_m I_k \mathrm{e}^{\mathrm{j}(\varphi_m+\varphi_k)}\cdot \mathrm{e}^{-\mathrm{j}\frac{2\pi}{\lambda}(L_m-L_k)}\cdot \mathrm{e}^{-\left(\sigma_\lambda^2+\sigma_\varphi^2\right)} \\
&+\sum_{m=1}^{M}(1+\sigma_I^2)(I_m)^2
\end{aligned}
\tag{8-40}
$$

将各阵元位置误差的均方差用波长来表示，在式（8-40）第一项加上 $M$ 个量 $(I_m)^2\mathrm{e}^{-(\sigma_\lambda^2+\sigma_\varphi^2)}$，同时在第二项减去这些量，则整个函数表达式的值不变。此时，实际阵列方向图函数表示为

$$
E\left(\left|Y^*\right|^2\right)=\left|Y\right|^2\mathrm{e}^{-(\sigma_\lambda^2+\sigma_\varphi^2)}+\sum_{m=1}^{M}[(1+\sigma_I^2)-\mathrm{e}^{-(\sigma_\lambda^2+\sigma_\varphi^2)}](I_m)^2 \tag{8-41}
$$

假设阵列误差不相关且方差很小，将 $\mathrm{e}^{-(\sigma_\lambda^2+\sigma_\varphi^2)}$ 进行泰勒展开得到 $\mathrm{e}^{-(\sigma_\lambda^2+\sigma_\varphi^2)}=1-(\sigma_\lambda^2+\sigma_\varphi^2)$，式（8-41）变为

$$
E\left(\left|Y^*\right|^2\right)=\left|Y\right|^2\mathrm{e}^{-(\sigma_\lambda^2+\sigma_\varphi^2)}+\sum_{m=1}^{M}[\sigma_I^2+\sigma_\lambda^2+\sigma_\varphi^2](I_m)^2 \tag{8-42}
$$

式（8-42）可以表示成

$$
E\left(\left|Y^*\right|^2\right)=\left|Y\right|^2\mathrm{e}^{-(\sigma_\lambda^2+\sigma_\varphi^2)}+\left\|h\right\|^2(\sigma_I^2+\sigma_\varphi^2+\sigma_\lambda^2) \tag{8-43}
$$

从式（8-43）可知，阵列实际波束响应幅度平方的期望值由两个部分组成，第一部分为理想阵列波束幅度平方乘上一个衰减因子，衰减因子是与方向无关的参数，衰减因子会使得理想波束响应整体减小。第二部分为理想阵列通道响应向量范数的平方同阵列误差方差之和的乘积项，使得波束主瓣变形而旁瓣升高。从式（8-43）看出理想加权向量范数越小，实际阵列波束受到阵列误差的影响就越小，即阵列系统的稳健性越好。在实际应用中，要保证阵列波束形成器具有较好的稳健性能，需要对波束形成器的阵列通道响应向量进行约束。设线性阵列具有 $M$ 个阵元，阵元间距为 $d$，不考虑天线之间的相互耦合情况，宽带带宽为 $B$，且中心频率为 $f_c$，期望信号方向为 $\Omega_\theta=\{\theta_0,\theta_1,\cdots,\theta_{L+1}\}$，其频率对应为 $\Omega_f=\{f_0,f_1,\cdots,f_{J+1}\}$，

并且 $f_{J+1}-f_1 \approx B$。假设阵列通道响应为 $h_{m,\theta}[k]$，通过离散傅里叶变换，阵元通道响应的传递函数被离散为 $h_{m,\theta,f}$。通过图 8-10 所示的基于小波滤波器组的宽带波束形成结构图，阵列响应表达式为

$$\boldsymbol{Y}(f_j,\theta_l)=\sum_{m=0}^{M-1}\sum_{n=0}^{N-1} w_{m,n} h_{m,\theta_l,f_j}\exp(-2\pi f_j n T_s) \tag{8-44}$$

其中 $w_{m,n}$ 为第（$m$+1）个阵元的阶数为第（$n$+1）次的滤波器系数，$T_s$ 为奈奎斯特采样周期，式(8-44)可以改写成

$$\boldsymbol{Y}(f_j,\theta_l)=\boldsymbol{S}(f_j,\theta_l)\boldsymbol{w} \tag{8-45}$$

其中 $\boldsymbol{w}=[w_0^H, w_1^H,\cdots,w_{M-1}^H]^H$，符号 $H$ 的意思是共轭转置，$\boldsymbol{S}(f_j,\theta_l)$ 为一个 $M\times N$ 矩阵，公式(8-45)可以表示成

$$\boldsymbol{S}(f_j,\theta_l)=h_{m,\theta_l,f_j}\exp(-2\pi f_j n T_s) \tag{8-46}$$

假设期望信号为 $\theta_{l0}$，则可以定义期望信号的主瓣波束图为 $\boldsymbol{Y}(f_j,\theta_{l0})$，为了获得具有稳健的波束图，需要

$$\min\sum_{f_j\in\Omega f}\left|\boldsymbol{Y}(f_j,\theta_{l0})-\boldsymbol{S}(f_j,\theta_{l0})\right|^2 \tag{8-47}$$

其中，定义

$$\boldsymbol{Y}=\begin{bmatrix} Y(f_1,\theta_{l0}) \\ Y(f_2,\theta_{l0}) \\ \vdots \\ Y(f_{J+1},\theta_{l0}) \end{bmatrix} \qquad \boldsymbol{S}=\begin{bmatrix} S(f_1,\theta_{l0}) \\ S(f_2,\theta_{l0}) \\ \vdots \\ S(f_{J+1},\theta_{l0}) \end{bmatrix}$$

则式(8-47)变为求解 $\|\boldsymbol{S}\boldsymbol{w}-\boldsymbol{Y}\|_2$ 的最小值，$\|\ \|_2$ 表示范数。

假设在离散的阵元通道响应传输函数中具有已知误差范围的误差 $\Delta h_{m,\theta_l,f_j}$，其表达式为

$$\begin{cases} h_{m,\theta_l,f_j}=h^0_{m,\theta_l,f_j}+\Delta h_{m,\theta_l,f_j} \\ \left|\Delta h_{m,\theta_l,f_j}\right| \leqslant \mu_{m,\theta_l,f_j} \end{cases} \tag{8-48}$$

其中 $h^0_{m,\theta_l,f_j}$ 为阵元通道响应传输函数的标准值，$\Delta h_{m,\theta_l,f_j}$ 为误差值，且误差值的范围不超过 $\mu_{m,\theta_l,f_j}$。从式（8-46）和式（8-48）可以得到

$$\begin{aligned}\boldsymbol{S}(f_{j,\theta_l}) &= (h_{m,\theta_l,f_j}^0 + \Delta h_{m,\theta_l,f_j})\exp(-2\pi f_j nT_s) \\ &= \boldsymbol{S}^0(f_j,\theta_l) + \Delta\boldsymbol{S}(f_j,\theta_l)\end{aligned} \tag{8-49}$$

从式（8-48）和式（8-49）可以得到

$$\begin{aligned}\left|\Delta\boldsymbol{S}(f_{j,\theta_l})\right| &= \left|\Delta h_{m,\theta_l,f_j}\exp(-2\pi f_j nT_s)\right| \\ &= \left|\Delta h_{m,\theta_l,f_j}\right|\left|\exp(-2\pi f_j nT_s)\right| \\ &\leqslant \mu_{m,\theta_l,f_j}\end{aligned} \tag{8-50}$$

在阵元通道存在误差时，有：$\boldsymbol{S} = \boldsymbol{S}^0 + \Delta\boldsymbol{S}$，并且$\Delta\boldsymbol{S}$的范数表达式为

$$\left\|\Delta\boldsymbol{S}\right\|_2 \leqslant \sqrt{\sum_{f_j\in\Omega_f}\sum_{m=0}^{M-1}\mu_{m,\theta_{l0},f_j}^2} \tag{8-51}$$

其中，定义$\rho = \sqrt{\sum_{f_j\in\Omega_f}\sum_{m=0}^{M-1}\mu_{m,\theta_{l0},f_j}^2}$，根据最坏情况下凸二阶规划锥定义的最小二乘表达式为

$$r(\boldsymbol{S},\boldsymbol{Y},\rho,\boldsymbol{w}) = \max_{\|\Delta\boldsymbol{S}\|\leqslant\rho}\left\|(\boldsymbol{S}+\Delta\boldsymbol{S})\boldsymbol{w}-\boldsymbol{Y}\right\| \tag{8-52}$$

需要求解式(8-52)的最小值，即

$$\min(\left\|\boldsymbol{S}^0\boldsymbol{w}-\boldsymbol{Y}\right\|_2 + \rho\sqrt{\left\|\boldsymbol{w}\right\|_2^2+1}) \tag{8-53}$$

根据三角不等式和柯西不等式，从式(8-44)可以得到存在阵元通道响应误差时，频率波束形成的最优条件

$$\begin{aligned}\left|\boldsymbol{Y}(f_j,\theta_l)\right| &= \left|\boldsymbol{S}(f_j,\theta_l)\boldsymbol{w}\right| \\ &= \left|\boldsymbol{S}^0(f_j,\theta_l)\boldsymbol{w} + \Delta\boldsymbol{S}(f_j,\theta_l)\boldsymbol{w}\right| \\ &\leqslant \left|\boldsymbol{S}^0(f_j,\theta_l)\boldsymbol{w}\right| + \left|\Delta\boldsymbol{S}(f_j,\theta_l)\boldsymbol{w}\right| \\ &\leqslant \left|\boldsymbol{S}^0(f_j,\theta_l)\boldsymbol{w}\right| + \left\|\Delta\boldsymbol{S}(f_j,\theta_l)\right\|_2\left\|\boldsymbol{w}\right\|_2 \\ &\leqslant \left|\boldsymbol{S}^0(f_j,\theta_l)\boldsymbol{w}\right| + \sqrt{\sum_{m=0}^{M-1}\mu_{m,\theta_l,f_j}^2}\left\|\boldsymbol{w}\right\|_2\end{aligned} \tag{8-54}$$

其中，定义式(8-54)中$\rho_{\theta_l,f_j} = \sqrt{\sum_{m=0}^{M-1}\mu_{m,\theta_l,f_j}^2}$，$\left|\boldsymbol{Y}(f_j,\theta_l)\right|$误差最大值为

$$\left|\boldsymbol{Y}(f_j,\theta_l)\right| \leqslant \left|\boldsymbol{S}^0(f_j,\theta_l)\boldsymbol{w}\right| + \rho_{\theta_l,f_j}\left\|\boldsymbol{w}\right\|_2 \tag{8-55}$$

由于希望在频率范围$\Omega_f$，角度范围为$\Omega_\theta$的波束图中，每个频率点的旁瓣值小于设定值$\varepsilon_{sidelobe}(f_j)$，则有

$$\sum_{\substack{\theta_l \in \Omega_\theta - \theta_{l0} \\ f_j \in \Omega_f}} \boldsymbol{Y}(f_j, \theta_l) \leqslant \varepsilon_{sidelobe}(f_j) \tag{8-56}$$

对于频率不变波束图有

$$\begin{aligned} \left|\boldsymbol{Y}(f_j,\theta_l) - \boldsymbol{Y}(f_{re},\theta_l)\right| &= \left|\boldsymbol{S}(f_j,\theta_l)\boldsymbol{w} - \boldsymbol{S}(f_{re},\theta_l)\boldsymbol{w}\right| \\ &= \left|(\boldsymbol{S}^0(f_j,\theta_l)\boldsymbol{w} - \boldsymbol{S}^0(f_{re},\theta_l))\boldsymbol{w} + (\Delta\boldsymbol{S}(f_j,\theta_l)\boldsymbol{w} - \Delta\boldsymbol{S}(f_{re},\theta_l))\boldsymbol{w}\right| \end{aligned} \tag{8-57}$$

式（8-57）中$f_{re}$为参考频率，设$\delta = \Delta\boldsymbol{S}(f_j,\theta_l) - \Delta\boldsymbol{S}(f_{re},\theta_l)\boldsymbol{w}$，则有

$$\|\delta\|_2 \leqslant \sqrt{\sum_{m=0}^{M-1} \mu_{m,\theta_l,f_j}^2 + \sum_{m=0}^{M-1} \mu_{m,\theta_l,f_{re}}^2} \tag{8-58}$$

其中，定义

$$\rho_{\theta_l,f_j,f_{re}} = \sqrt{\sum_{m=0}^{M-1} \mu_{m,\theta_l,f_j}^2 + \sum_{m=0}^{M-1} \mu_{m,\theta_l,f_{re}}^2}$$

为了保持波束图的频率不变性，设定每个频率点的值小于门限值$\varepsilon_{SV}$，则有

$$\sum_{f_j \in \Omega_{f-f_{re}}} \sum_{\theta_l \in \Omega_\theta} \left|\boldsymbol{Y}(f_j,\theta_l) - \boldsymbol{Y}(f_{re},\theta_l)\right| \leqslant \varepsilon_{sv} \tag{8-59}$$

因此稳健波束的权重值为带二次约束条件的凸二次优化值：

$$\begin{cases} \min(\left\|\boldsymbol{S}^0\boldsymbol{w} - \boldsymbol{Y}\right\|_2 + \rho\sqrt{\|\boldsymbol{w}\|_2^2 + 1}) \\ s.t. \quad \sum\limits_{\theta_l \in \Omega_\theta - \theta_{l0}} \boldsymbol{Y}(f_j,\theta_l) \leqslant \varepsilon_{sidelobe}(f_j) \\ \sum\limits_{f_j \in \Omega_{f-f_{re}}} \sum\limits_{\theta_l \in \Omega_\theta} \left|\boldsymbol{Y}(f_j,\theta_l) - \boldsymbol{Y}(f_{re},\theta_l)\right| \leqslant \varepsilon_{sv} \end{cases} \tag{8-60}$$

仿真实验：取阵元个数$M$为16，阵元间距$d = \lambda/2$，$\Delta h_{m,\theta_l,f_j}$服从均匀分布。设$L = 60$，$J = 20$，意味着所形成波束图的角度分辨率为3°，频率分辨率为2.5kHz。假设$\mu_{m,\theta_l,f_j} = 0.001$，波束图的期望方向为$\theta_{l0} = 0°$，$\varepsilon_{sv} = 2.5$，$\Omega_{\theta FIB} = \{-30°,-25°,-20°,-15°,-10°,-5°,5°,10°,15°,20°,25°,30°\}$，$\varepsilon_{sidelobe}(f_j) = 5$，$\Omega_{\theta nulling} = \{45°\}$。计算得到$\rho = 0.2008$，$\rho_{f_j,\theta_l} = 0.031$，

$\rho_{\theta_l, f_j, f_{re}} = 0.0438$，通过计算机仿真得到不确定离散阵元通道响应传递函数下SNR = 30dB，中心频率为 $f_c = 20\text{kHz}$，信号带宽为 $B = 4\text{kHz}$ 的宽带信号波束图，如图 8-13 所示。

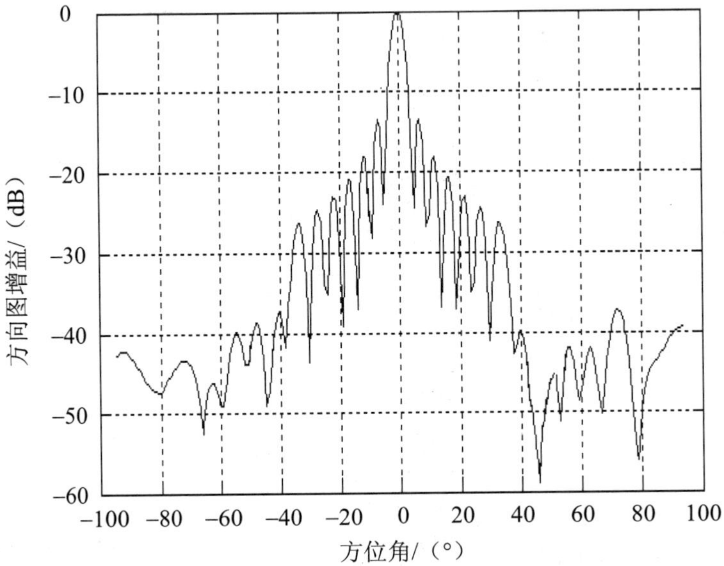


（a）第一子通道波束二维图

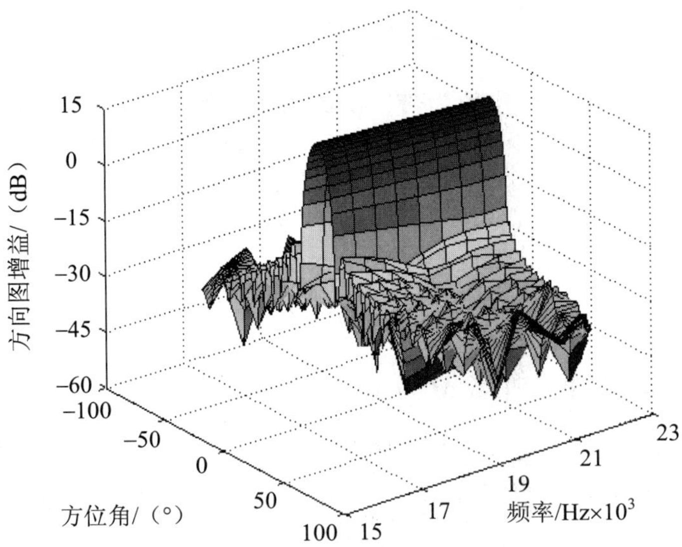


（b）合成波束三维图

图 8-13　基于约束项的稳健宽带波束图

从图 8-13 看出，基于约束项的小波滤波器组波束法在对阵元通道响应不能充分估计的系统能有效地形成波束图。算法假设阵元通道响应的不确定性是有界的，并设定一个最差性能作为临界点，从而保证了波束形成的稳健性。基于约束项的稳健算法形成的主瓣宽带为10°，而从图 8-12 也可看出在未加约束项的算法情况下所获得波束图的主瓣宽度为 20°。因此，基于约束项的稳健算法能在期望方向形成较窄的主瓣，并在设定的约束项形成零陷，从而提高了系统的稳健性。

## 思考题与讨论题

1．试解释时域波束形成算法和频域波束形成算法的异同，哪种方法更适合现代信号处理？

2．试阐述时频结合波束形成的好处有哪些。

3．试讨论在空间无线通信信号处理中如何实现低旁瓣波束形成和稳健波束形成。

4．请解释对于雷达系统接收的宽带信号实现频率不变，并满足特定要求的波束的好处。

# 第 9 章　小波滤波器组多载波调制系统的波束形成

多载波技术利用 FFT 变换和相应的调制方式将宽带高速数据流调制到相互正交的多个子载波上（OFDM 技术），达到降低数据流的速度和减少多径效应带来的频率选择性衰落影响，但在时变信道下，OFDM 多载波技术脆弱的子带间隔正交性往往会导致载波性能下降。本章在小波滤波器组多载波调制技术的基础上将宽带波束形成技术与系统结合，分析了 Pre-FFT 和 Post-FFT 处理的多载波调制系统阵列信号处理技术，并研究适用于小波滤波器组多载波调制系统的自适应阵列处理方法。

## 9.1　多载波系统模型

并行多载波传输是在多个载波上同时传输数据符。设 $N$ 为通道数目，对于各个子载波上的数据传输率为相同系统数据传输率时，单载波传输系统为 $1/N$。为避免复杂的信道均衡问题，子载波上的符号传输时间相应增加为 $N$ 倍，若并行多载波调制方案中子载波的个数为 $N$，$f_N(t)$ 表示第 $n$ 个子载波函数，$d_n$ 表示调制到该子载波上的数据符号，则多载波符号 $s(t)$ 表示为

$$s(t)=\sum_{n=0}^{N}d_n f_n(t) \tag{9-1}$$

在多载波系统中数据符号的持续时间远大于信道的时延时间，因此每个子信道可以被看成具有平坦衰落特性，从而减少了系统中的符号间干扰，其中 OFDM 系统已经得到了广泛的应用。

### 9.1.1 OFDM 系统模型

OFDM 系统通过矩形脉冲把信道分成若干个正交子信道，在相邻时域符号间添加循环前缀（CP）作为保护间隔，减少了子信道之间的相互干扰，图 9-1 为 OFDM 系统模型。

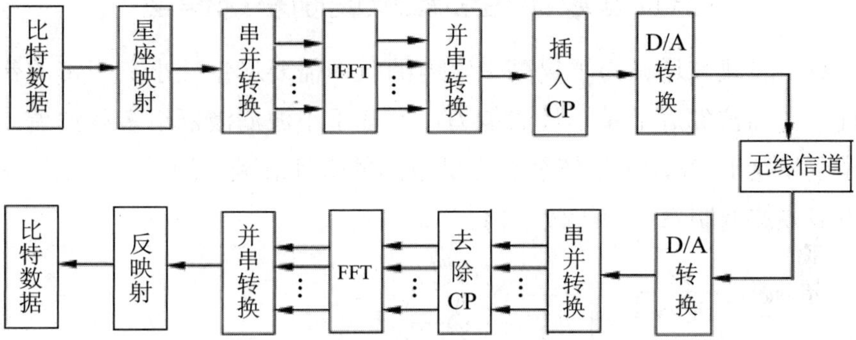


图 9-1 OFDM 系统的基本模型

在 OFDM 系统中，当数据符号相互独立时，对于 OFDM 系统的功率谱（PSD）可以看成是各个子载波功率谱(PSD)的相加

$$e(f)=\sum_i e_i(f)z \tag{9-2}$$

其中 $e_i(f)$ 为第 $i$ 个子载波的功率谱，其表达式为

$$e_i(f)=\sin c^2((f-f_i)T_s) \tag{9-3}$$

式(9-3)中，$T_s$ 是 OFDM 系统的符号周期为 FFT 的长度和保护间隔长度之和，$f_i$ 是第 $i$ 个载波的中心频率值。由于 OFDM 系统采用矩形脉冲响应划分，以避免获得子信道频谱重叠，而 sin*c* 函数具有旁瓣较大、衰减缓慢的缺点，这使得 OFDM 系统在频域上相互重叠的正交性非常脆弱。因此，为了在非理想信道情况下保持子信道间的正交性，OFDM 系统一般需要循环前缀技术。

对于采用 Hamming 函数代替矩形脉冲函数的 FFT 技术，则系统的符号周期 $T_s$ 变为 $(1+2\beta)T_s$，$(0\leqslant\beta\leqslant1)$，每个子带的带宽变为原来的 $1/(\beta+1)$。$\beta=0$ 时升余弦函数为矩形脉冲函数，且具有最大的旁瓣，$\beta$ 的增加使得 Hamming 函数的旁瓣降低，但靠近主瓣的旁瓣值仍然比较大，会造成邻近子带间的干扰。

另外，系统的载波频率偏移可以分为整数和小数部分，对于整数频偏产生循环移位，需要解调后进行相位补偿。由于 IFFT 中各旋转因子的正交性，因而对于小数频偏，如归一化频偏为 0.1 和 0.3 等等，会造成抽样点的移位，从而破坏了 OFDM 系统子频带的正交性。

### 9.1.2 小波滤波器组多载波调制系统模型

对于多载波通讯为了提高带宽内的效率需要尽量减小其子带的带外干扰，提高抗邻近子带干扰的能力，而基于小波滤波器组多载波调制系统模型相比于 OFDM 系统能够提供较高的带外衰减。图 9-2 为小波滤波器组多载波调制系统的等效结构。

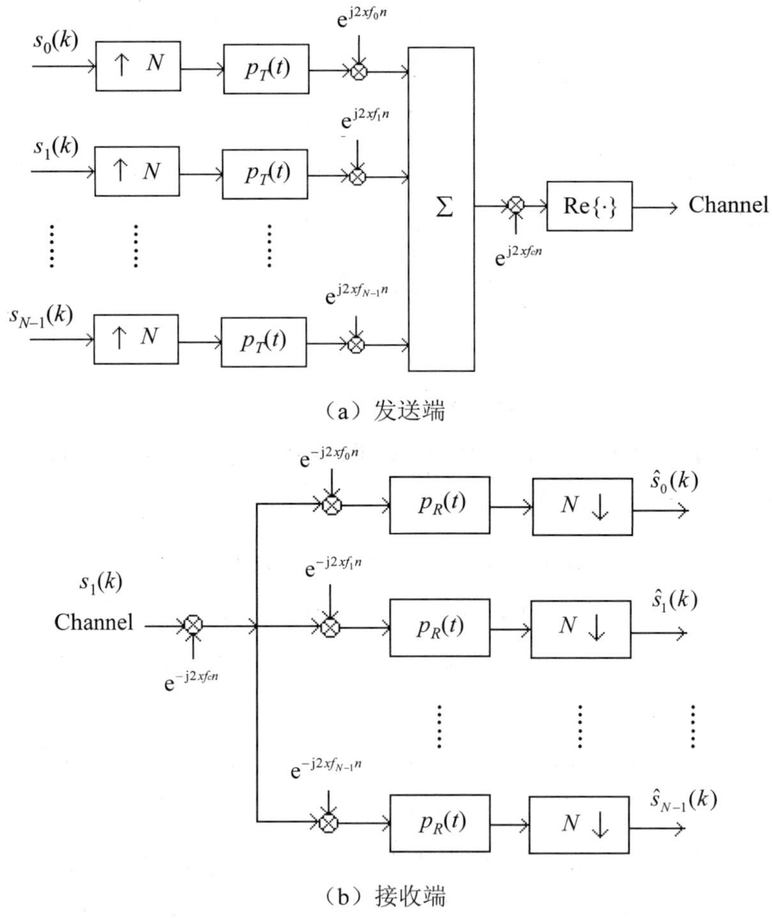


图 9-2 小波滤波器组多载波调制系统等效模型结构图

图 9-2 中传送端和接收端的 $p_T(t)$和 $p_R(t)$为小波原型滤波器。利用小波原型滤波器具有良好的频带约束能力，对各子信道重叠的方式保持正交，从而保证了系统信道间干扰(ICI)远低于系统中的其他噪声。

在 OFDM 系统中，如果存在误差则引起各个子载波之间的相互干扰，信号的正交性将无法保证，OFDM 系统需要精确定时和减小频偏。而在小波滤波器组多载波调制系统中，由于子信道的频谱具有严格约束的特性，使得小波滤波器组多载波调制系统比 OFDM 系统的子载波更容易保持正交性，因而具有良好的抗 ICI 能力。OFDM 系统需要时域保护间隔来克服多径信道对信号的影响，这在一定程度上降低了正交频分复用的频谱利用率。

图 9-3 为小波滤波器组多载波调制系统和 OFDM 系统分别在高斯信道和瑞利衰落信道下的仿真曲线，仿真参数如表 9-1，ITU M.1225 的信道参数如表 9-2 所示。

**表 9-1　仿真参数**

| 信道模型 | ITU M.1225/AWGN |
|---|---|
| 仿真系统 | 小波滤波器组多载波调制系统/OFDM/单载波系统 |
| 载波频率 | 1G |
| 系统带宽 | 1.25M |
| 调制方式 | QPSK/16QAM |
| 归一化频偏 | 0.1 |
| FFT 长度 | 128 |
| 子载波数 | 76 |
| 小波基函数 | Db10 |
| 分解层数 | 3 |

**表 9-2　ITU.M.1225 信道参数**

| 路径 | 1 | 2 | 3 | 4 | 5 |
|---|---|---|---|---|---|
| 相对时延/ μs | 0 | 0.1 | 0.3 | 0.5 | 0.7 |
| 平均功率/dB | 0 | –3.6 | –7.2 | –10.8 | –18 |

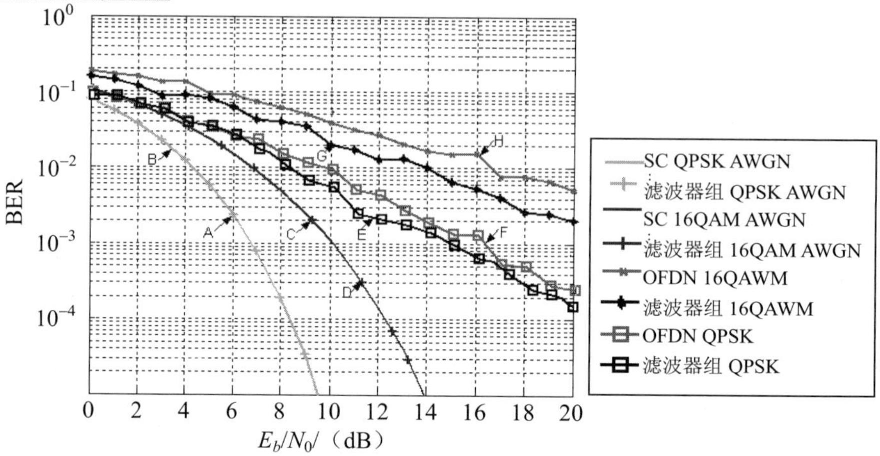


图 9-3　在不同条件下三种调制系统的误比特率曲线

图 9-3 中曲线 A 和曲线 C 分别为小波滤波器组多载波调制系统在高斯信道下采用 QPSK 调制方式和 16QAM 调制方式的仿真误码率，曲线 B 和曲线 D 分别是单载波数字通信系统下采用 QPSK 和 16QAM 调制方式下的误码率曲线。图 9-3 中曲线 E，曲线 G 和曲线 F，曲线 H 分别为小波滤波器组多载波调制系统和 OFDM 系统在 ITU M.1225(Indoor)信道下采用 QPSK 调制方式和 16QAM 调制方式的仿真误码率曲线。从图 9-3 中看出：小波滤波器组多载波调制系统和单载波数字通讯的误码率在高斯信道下是一样的，这时因为系统在理想的高斯噪声环境下，不存在多径信号的时延扩展，系统的性能主要受接收机中的热噪声和进入天线的自然噪声影响，因此系统的误码率性能较好。由此可见，基于小波滤波器组的多载波系统不会改变高斯噪声相对于有用信号的能量分布。在信息速率相同时，QPSK 占用的带宽为 16QAM 的 2 倍，故 QPSK 误码率优于 16QAM。

在瑞利衰落信道下，选用 ITU M.1255 信道模型，采用 LMSE 均衡算法，假设系统帧同步和符号同步，信道估计都在理想条件下，设置归一化频偏为 0.1。在 QPSK 和 16QAM 调制下从图 9-3 中的曲线 E，曲线 F，曲线 G 和曲线 H 看出，小波滤波器组多载波调制系统和 OFDM 系统的误码率曲线在低信噪比时基本一致，在高信噪比时小波滤波器组多载波调制系统比 OFDM 系统的误码率曲线低，其原因是在信噪比较低时，系统主要受高斯噪声影响，在高信噪比时，由于频偏引起的载波间干扰相对于高斯噪声较大，因此通过图 9-3 的曲线 E、曲线 F、曲线 G 和曲线 H 可以说明小波滤波器组多载波调制系统对载波间的频偏具有一定的抑制作用。

# 9.2 多载波系统的波束形成

## 9.2.1 OFDM 系统的波束形成

对于 OFDM 系统接收端的波束形成,可以采用图 9-4 所示的频域波束形成的结构图（Post-OFDM）或者图 9-5 所示的时域波束形成的结构图(Pre-OFDM)。若波束形成采用阵元数目为 S 的均匀线性阵列，假设系统在发射端有 M 个用户，每个用户使用单天线发射信号，用户 1 作为期望信号，M-1 个用户做为干扰信号，期望用户和干扰信号之间是相互独立的。

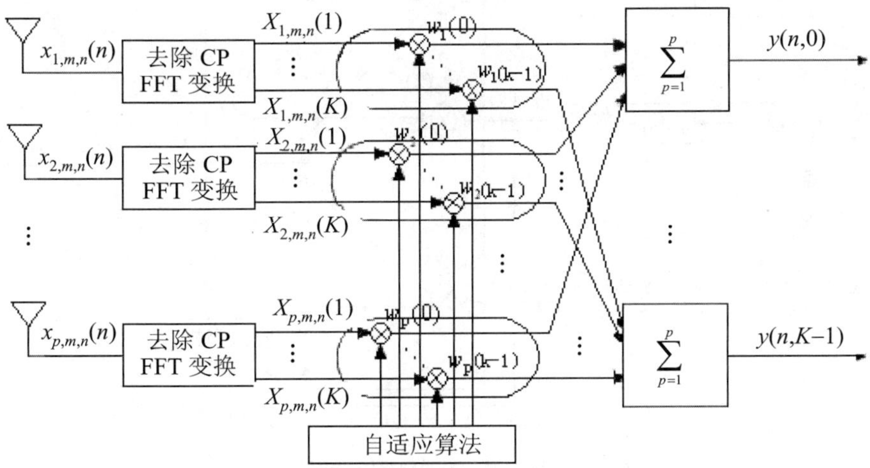


图 9-4 频域波束形成（Post-OFDM）的结构图

在图 9-4 中每个用户均发射 $U$ 个 OFDM 符号，各天线接收的信号先经过 FFT 变换后被复用成 $K$ 个子流发射，则在第 $m$ 个用户的第 $u$ 个 OFDM 符号中被调制到第 $k$ 个子信道的信号为

$$x_{p,m,u}(n)=\frac{1}{\sqrt{K}}\sum_{k=0}^{K-1}y_{p,m,u}(k)\mathrm{e}^{\mathrm{j}2\pi k/K}\quad 0\leqslant n\leqslant K-1 \tag{9-4}$$

故式（9-4）中，$x_{p,m,u}(n)$和$y_{p,m,u}(k)$分别表示在第$p$个天线接收到的第$m$个用户的第$u$个OFDM符号中的第$n$个时域信号和第$k$个频域信号。

对每个子信道进行加权，得到$n$时刻第$k$个子信道对应的输出信号为

$$y(n,k)=\sum_{p=1}^{P}\boldsymbol{w}_p^H(k)x_{p,m,u}(k) \tag{9-5}$$

由于Pre-FFT OFDM系统的结构为图9-5所示，从图9-5看出第$s$个阵元上接收到的第$n$个时域信号为$v_{s,m}(n)$，接收信号经过波束形成器，输出为

$$\boldsymbol{r}_m=\boldsymbol{w}_m^H v_{s,m}(n) \tag{9-6}$$

在式（9-6）中，$\boldsymbol{w}_m=[w_m(1),w_m(2),\cdots,w_m(s)]^T$，$\boldsymbol{r}_m=[r_m(1),r_m(2),\cdots,r_m(K-1)]$为时域输出。

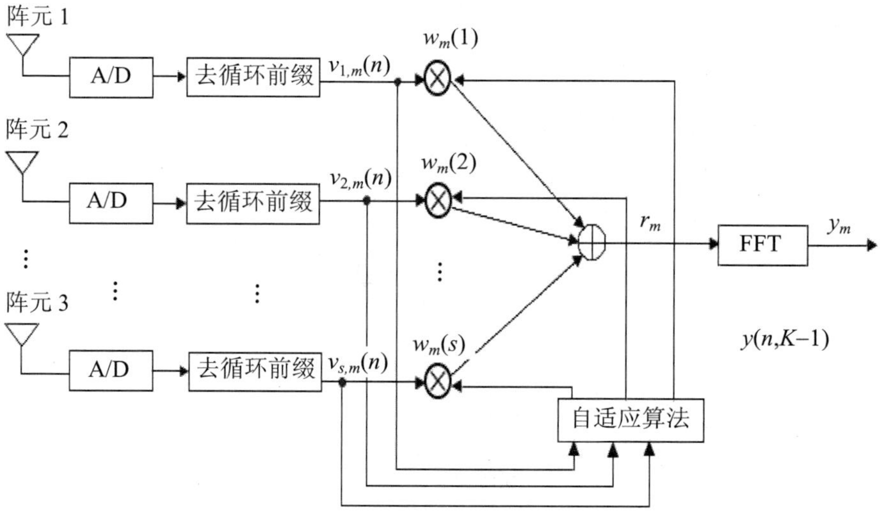


图 9-5　Pre-FFT OFDM 系统的结构图

## 9.2.2　基于小波滤波器组多载波调制系统的波束形成

对于小波滤波器组多载波调制系统，由于是采用滤波器组来保证子信道之间的不重叠，因此基于小波滤波器组多载波调制系统的频域波束形成系统比时域波束系统更能发挥优势，图9-6为小波滤波器组多载波调制系统的时频结合波束形成结构图。

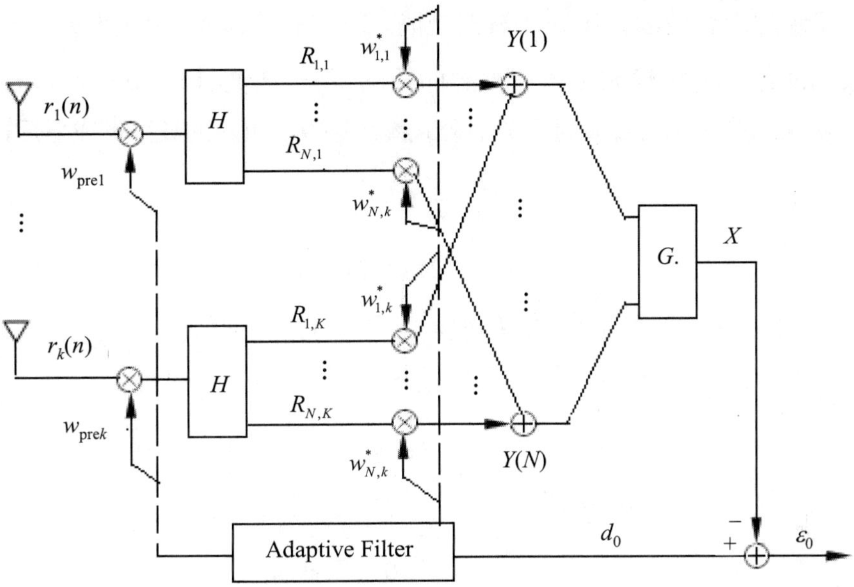


图 9-6 小波滤波器组多载波调制系统时频结合波束形成结构图

假设小波滤波器组多载波调制系统中有 $M$ 个用户，每个用户采用二进制相移键控(BPSK)调制信号，载波频率为 $\omega = 2\pi f$，用户 $i$ 的基带信号表示为

$$m_i(n) = A_i b_i(n) \qquad 1 \leqslant i \leqslant M \tag{9-7}$$

式（9-7）中，$b_i(n)$ 为等概率的 $\{\pm 1\}$，$A_i^2$ 为用户 $i$ 的信号幅度。假设系统中用户 1 为期望用户，其余的为干扰用户，则阵元数目为 $k$ 均匀分布的线性阵列接收到的信号为

$$r_k(n) = \sum_{i=1}^{M} m_i(n) \exp(\mathrm{j} w t_k(\theta_i)) + n_k(n) \quad 1 \leqslant k \leqslant K \tag{9-8}$$

在式（9-8）中，$t_k(\theta_i)$ 为阵元 $k$ 对信号 $i$ 的时延。$\theta_i$ 为信号 $i$ 的 DOA 角度。$n_k(n)$ 为零均值的高斯白噪声，其方差为 $E[|n_k(n)|^2] = 2\sigma_n^2$。期望用户的 SNR 为 $\mathrm{SNR} = A_1^2/(2\sigma_n^2)$，系统的信干噪比为 $\mathrm{SINR}_i = A_1^2 / A_i^2$（$i = 2,3,\cdots,M$）。

设 $x, X$ 分别为信号的时域和频域，图 9-6 所示的系统中阵元个数为 K，$r_1(n), r_2(n), \cdots, r_k(n)$ 分别为阵元接收到的时域信号。$\boldsymbol{H}$ 和 $\boldsymbol{G}$ 分别表示分析滤波器组和综合滤波器组的滤波器矩阵，矩阵的秩为 $N$。$R_{n,k}$ 为第 k 天线接收到的经过分析滤波器组后得到的第 $n$ 个子载波且$1 \leqslant n \leqslant N$。根据 OFDM 系统的时频结合波束形成器公式经过图 9-7 所示的波束形成器后，有

$$X = \frac{1}{N} G^H Y \tag{9-9}$$

$$Y = [Y(1), Y(2), \cdots, Y(N)]^T \tag{9-10}$$

$$Y(n) = w_{pre}^H diag(w_n^{*H}) D_n \quad 1 \leqslant n \leqslant N \tag{9-11}$$

其中

$$diag(w_n^H) = \begin{bmatrix} w_{n,1}^* & 0 & \cdots & 0 \\ 0 & w_{n,2}^* & \cdots & 0 \\ \vdots & \vdots & \ddots & \vdots \\ 0 & 0 & \cdots & w_{n,k}^* \end{bmatrix}$$

$$D_n = [D_{n,1}, D_{n,2}, \cdots, D_{n,k}]^T$$

$$D_{n,k} = \frac{R_{n,k}}{w_{prek}} \qquad 1 \leqslant k \leqslant K$$

（1）对 $w^*_{n,k}$ 的确定

根据最小误比特率，假设传输的比特序列 $b_q(n)$ 数目为 $1 \leqslant q \leqslant N_b = 2^M$。当 $b_q(n) = \pm 1$ 时，$Y(n)$ 的概率密度函数为

$$\begin{aligned} \rho(Y(n); w_{n,k}^* | +1) = & \frac{1}{N_b} \sum_{q=1}^{N_b} \frac{1}{\sqrt{2\pi\sigma_n^2 w_{n,k}^{*H} w_{n,k}^*}} \\ & \times \exp(-\frac{(Y(n) - sgn(b_q(n)) \mathrm{Re}(Y(n)))^2}{2\sigma_n^2 w_{n,k}^{*H} w_{n,k}^*}) \end{aligned} \tag{9-12}$$

因此，在 $w^*_{n,k}$ 下的波束形成器的误码率为

$$P(w_{n,k}^*) = \frac{1}{N_b} \sum_{q=1}^{N_b} Q(g_q(w_{n,k}^*)) \tag{9-13}$$

其中有

$$\begin{cases} Q(u)=\dfrac{1}{\sqrt{2\pi}}\displaystyle\int_u^{\infty}\exp\left(-\dfrac{v^2}{2}\right)\mathrm{d}v \\ g_q(w_{n,k}^*)=\dfrac{\mathrm{sgn}(b_q(n))(w_{n,k}^{*H}r_k(n))}{\sigma_n\sqrt{w_{n,k}^{*H}w_{n,k}^*}} \end{cases}$$

波束形成器输出的误差概率 $P(w_{n,k}^*)$ 最小，即

$$w_{n,k}^*=\min_{w_{n,k}^*}P(w_{n,k}^*) \tag{9-14}$$

根据最陡梯度法迭代，有

$$w_{n,k}^{*\ n+1}(k)=w_{n,k}^{*\ n}(k)-\mu\nabla P(w_{n,k}^*) \tag{9-15}$$

其中，$n$ 是迭代次数，$\mu$ 是迭代步长。因此，相应误差概率的随机梯度为

$$\begin{aligned}\nabla P(w)=&\frac{1}{2N_{sb}\sqrt{2\pi}\sigma_n\sqrt{w_{n,k}^{*H}w_{n,k}^*}}\sum_{q=1}^{N_{sb}}\exp\left(-\frac{Y(n)}{2\sigma_n^2w_{n,k}^{*H}w_{n,k}^*}\right)\\&\times\mathrm{sgn}(b_q(n))(Y(n)-r_k(n)w_{n,k}^*)\end{aligned} \tag{9-16}$$

将式(9-16)代入式(9-15)后得到最优权值的迭代法

$$w_{n,k}^{*\ n+1}=w_{n,k}^{*\ n}+\mu\frac{\mathrm{sgn}(b_q)}{2\sqrt{2\pi}\sigma_n}\exp\left(-\frac{Y(n)^2}{2\sigma_n^2}\right)(Y(n)-r_k(n)w_{n,k}^*) \tag{9-17}$$

（2）对于 $w_{prek}$ 的确定

误差信号定义为

$$e(n)=d(n)-\sum_{k=1}^{K}w_{prek}r_k(n) \tag{9-18}$$

在式（9-18）中，$d(n)$ 是参考信号，且均方误差表达式为

$$J=E[\|e(n)\|^2] \tag{9-19}$$

在式(9-19)中，$E$ 是期望算子。根据最陡下降法，有对应的迭代式

$$w_{prek}(i+1)=w(i)+\frac{1}{2}\mu[-\nabla(J(i))] \tag{9-20}$$

在式(9-20)中，$i$ 为迭代次数，$\mu$ 为步长值，$\nabla$ 是梯度表达式，且 $\nabla J(i)=-2x(n)e^*(n)$，*为复共轭运算。根据 LMS 算法，有

$$w_{prek}(i+1)=w(i)+\mu x(n)e^*(n) \tag{9-21}$$

### 9.2.3 仿真分析

（1）Pre-FFT, Post-FFT 与时频结合的波束形成比较

假设 OFDM 系统的发送接收具有良好的同步性，采用 64 点的 IFFT 进行 OFDM 的符号生成，其中只有 48 个载波传送信息，4 个子载波是已知的导频信号和 12 个空的子载波。多径信道数目为 3 个，时延分别为 [0.864ns,0.435ns,0.253ns]，接收端的天线阵元为线性均匀分布，阵元数目为 8，调制方式 BPSK，干扰信号个数为两个，分别 –25° 和 40° 期望信号方向为 0°，采用 Post-FFT 的 MVDR 波束形成，Pre-FFT 的 MVDR 波束形成方法和时频结合 MVDR 波束形成方法，计算机仿真得到图 9-7 所示的 Pre-FFT，Post-FFT 和时频结合波束的 BER 性能曲线。

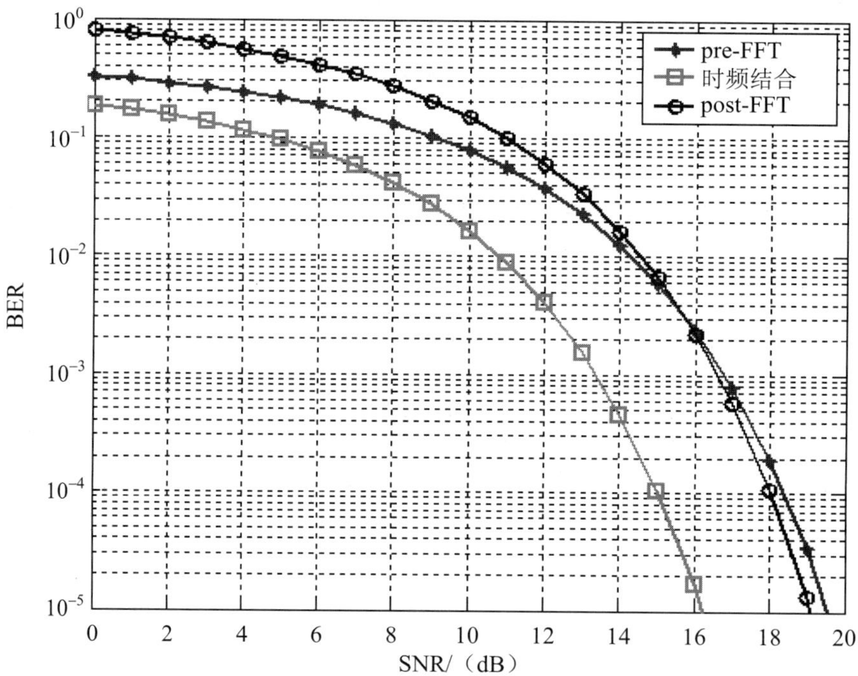


图 9-7　Pre-FFT，Post-FFT 和时频结合波束比较

从图 9-7 可知，三种方式的波束形成算法的性能都随着信噪比的增加而得到改善。对于信噪比较低时，时域波束形成算法的误码率要优于频域波束形成算法，对于信噪比较高的时候，频域波束形成算法的误码率要优于时域波束形成算法，而时频结合的方法作为混合式的 FFT 结构可

以有效提高系统的增益，增强系统的信噪比。这是因为当信噪比较低的时候接收到的信号主要是受到符号间干扰和子载波间干扰的影响，但在信噪比较高的时候信道时延是对系统的主要影响，特别是当信道延时超过保护间隔长度的时候，系统的误码率将会受到严重恶化。

（2）基于小波滤波器组多载波调制系统波束形成的与基于 OFDM-波束形成

在仿真一的条件下，分别在 OFDM 系统和小波滤波器组多载波调制系统中采用时频结合的波束形成方法。图 9-8 为在不同信噪比下，对 OFDM 系统与小波滤波器组多载波调制系统的波束形成方法误码率进行比较。图 9-9 为在 SNR =10dB，不同阵元个数条件下采用 OFDM 系统和小波滤波器组多载波调制系统的波束形成的误码率比较。

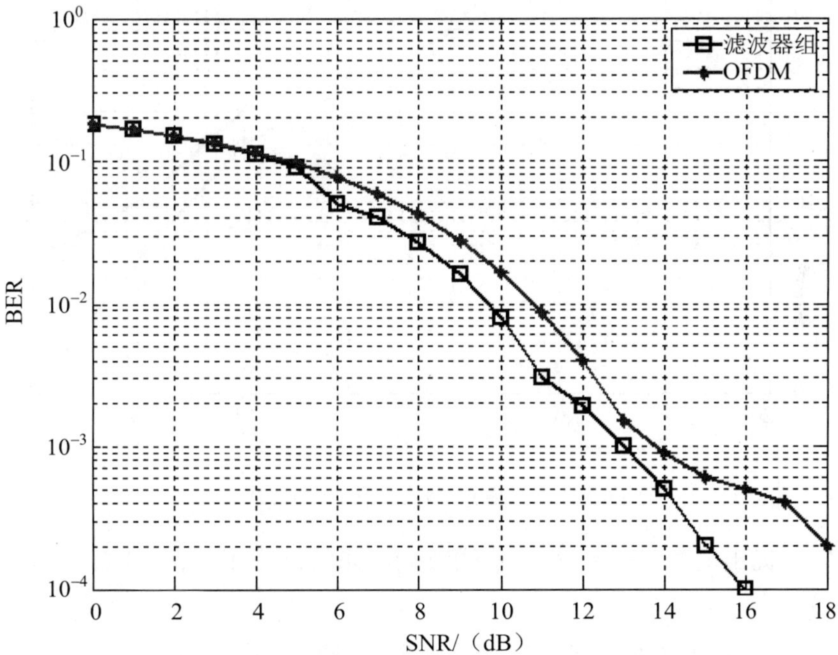


图 9-8　不同信噪比下的误码率曲线比较

从图 9-8 和图 9-9 可知：随着信噪比的增加和天线阵元个数的增加，基于小波滤波器组多载波调制系统系统的波束形成误码率要优于基于 OFDM 系统的波束形成方法。在低信噪比时由于高斯噪声是对系统的主要影响，小波滤波器组多载波调制系统和 OFDM 系统的误码率曲线几乎一致，因而两者的波束形成的误码率曲线几乎一致。当输入信号的信噪比提高后，由于小波滤波器组多载波调制系统比 OFDM 系统具有更好的抗频偏引起的载波间干扰的特点，因而基于小波滤波器组多载波调制系统的波束形成误码率要低于基于 OFDM 系统的波束形成误码率。在 SNR=10dB 的时候，随着天线阵元个数的增加，阵列孔径效率得到提高，因而两种系统的波束形成误码率都得到提高。

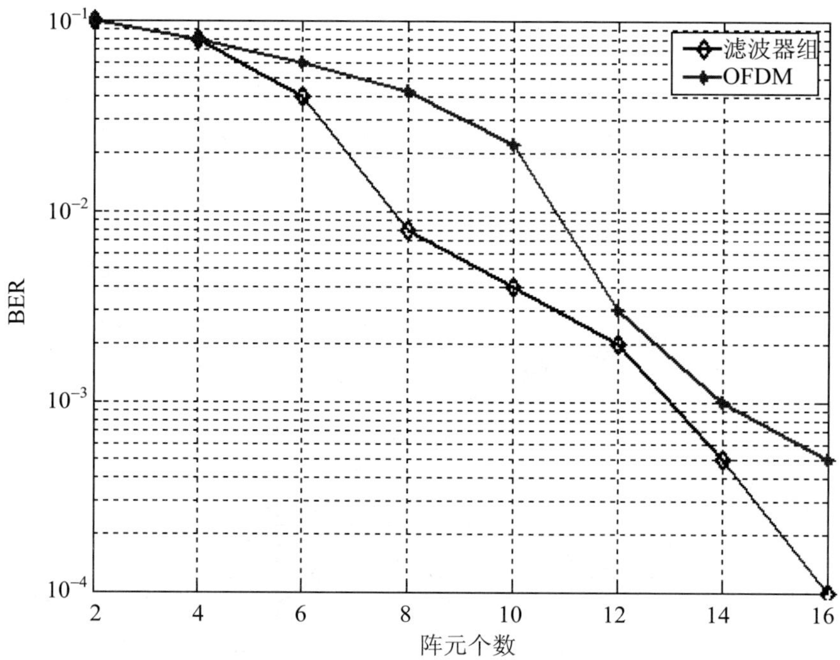


图 9-9　不同阵元个数误的码率曲线比较

（3）提出的小波滤波器组多载波调制系统波束形成与 MVDR 波束形成比较

假设空间中有 5 个信号源，其中期望信号方向为 150°，干扰信号源方向为–30°，60°，–70°和 80°，多径信道数目为 3 个，时延分别为[0.864ns，0.435ns，0.253ns]，接收端的天线阵元为线性均匀分布，天线阵元间距为 $\lambda/2$，阵元数目为 8，小波滤波器组多载波调制系统采用 BPSK 调制方式，采用第 3.3.3 节中 Db10 小波构造原型滤波器，幅频响应特性如图 3-4 所示，对于 LMS 波束形成方法步长$\mu$= 0.01。图 9-10 为在小波滤波器组多载波调制系统中的波束形成算法权重取值分别采用最小化误比特率和 MVDR 方法求解时，系统的 SINR 变化曲线随信噪比变化和快拍次数变化的比较图。

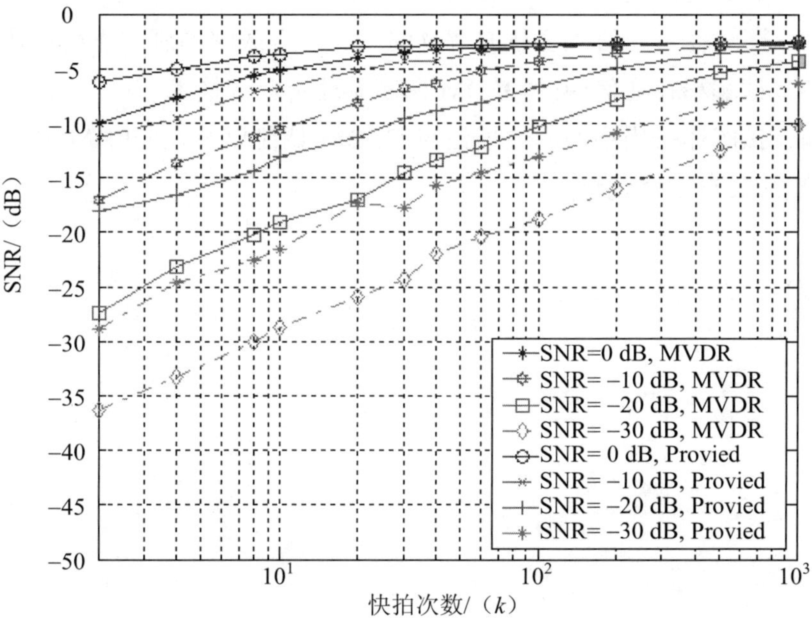


图 9-10　SINR 曲线变化

从图 9-10 看出，在小波滤波器组多载波调制系统中不同的信噪比下，通过式（9-17）求解最小化系统误比特率 $w^*_{n,k}$ 权值和 LMS 算法求解 $w_{prek}$ 权值的方法所得到波束形成器的误码率曲线要优于基于 MVDR 算法求解 $w^*_{n,k}$， $w_{prek}$ 权值的误码率曲线。自适应波束形成算法对权重的求解基本上是采用维纳方法或是最小均方误差（MMSE）准则达到均方误差最小的目的，但对于实际的通信系统，其误码率（BER）性能通常是人们最为关心的问题。最小化系统误比特率的方法是通过直接评估通信系统的性能来形成波束的，其代价函数直接最小化系统的 BER 值，因此相比于全局使用 MVDR 算法求解权值的方法能够获得更好的系统 BER 性能，尤其在强干扰的情况下，仍然可以保持较低的 BER 值。因此基于最小化误比特率求解 $w^*_{n,k}$ 权值的方法，比基于 MVDR 算法求解 $w^*_{n,k}$ 的方法更能使通信系统达到优越的性能。

## 思考题与讨论题

1．什么是调制？调制在通信系统中的作用。

2．请解释空间信号多载波调制的原理？多载波调制的作用是什么？

3．请解释在通信中的 OFDM 调制原理及关键技术。

4．试阐述采用小波滤波器组对 OFDM 调制以及在 OFDM 系统中的波束形成具有哪些优势？

# 参考文献

[1] 郑君里，应启珩，杨为理. 信号与系统（第二版）. 北京：高等教育出版社，2000.

[2] Gini F., Farina, Greco M.. Selected list of references on radar signal processing. USA, Englewood Cliffs: New Jersey Prentice-Hall, 1978.

[3] 郑国强， 傅江涛. 数字信号处理. 西安：西安电子科技大学出版社，2009.

[4] Pillai S. U., Burrus C. S.. Array signal processing. New York: Springer-Verlag, 1989.

[5] 胡广书. 数字信号处理——理论、算法与实现. 北京：北京大学出版社，1997.

[6] 张贤达. 现代信号处理. 北京：清华大学出版社，2002.

[7] 胡广书. 现代信号处理教程. 北京：清华大学出版社，2004.

[8] 汪学刚，张明友. 现代信号理论. 北京：电子工业出版社，2005.

[9] 刘培德. 泛函分析基础. 武汉：武汉大学出版社，2001.

[10] 樊磊，何伟. 应用泛函分析. 北京：高等教育出版社，2005.

[11] Kreyszing E. 泛函分析引论及应用. 张石生等译. 重庆：重庆出版社，1986.

[12] 秦前清，杨宋凯. 实用小波分析. 西安：西安交通大学出版社，1995.

[13] 李建平（译）. 小波十讲. 北京：国防工业出版社，2004.

[14] Daubechies I.. Ten lectures on wavelets. USA: Soc for Industrial & Applied Math, 1992.

[15] 彭启琮，邵怀宗，李明奇. 信号分析. 北京：电子工业出版社，2006.

[16] Albert Boggess，Francis J.Narcowich，芮国胜，康健（译）. 小波与傅里叶分析基础（2 版）. 北京：电子工业出版社，2010.

[17] 刘影. 基于小波算法的宽带波束形成理论与技术研究. 成都：四川大学，2012.

[18] 王永良，陈辉，彭应宁. 空间谱估计理论与算法. 北京：清华大学出版社，2004.

[19] 龚耀寰. 自适应滤波（第二版）——时域自适应滤波和智能天线. 北京：电子工业出版社，2003.

[20] 薛正辉, 李伟明, 任武. 阵列天线分析与综合. 北京：航空航天大学出版社，2011.

[21] Skolnik M. I.. Introduction to radar systems. New York: McGraw-Hill, 1980.

[22] 彭玉华. 小波变换与工程应用. 北京：科学出版社，2002.

[23] 汪晋宽，顾德英. 空间自适应信号处理. 山东：东北大学出版社，2003.

[24] Shepherd T. J., Haykin S., Litva J.. Radar array processing. New York: Springer, 1992.

[25] Van Trees H. L.. Optimum array processing: part IV of detection, estimation, and modulation theory. New York: John Wiley & Sons Inc., 2002.

[26] 王宏禹，邱天爽，陈喆. 非平稳随机信号分析与处理（第 2 版），北京：国防工业出版社，2008.